U0020744

金商道

The positive thinker sees the invisible, feels the intangible,
and achieves the impossible.

惟正向思考者，能察於未見，感於無形，達於人所不能。——　佚名

Platform Transformation

決勝平台時代

第一本平台化
轉型實戰攻略

陳威如 ✕ 王詩一 著　　余卓軒 統籌

平台，
下一波產業轉型趨勢

唐揆（國立政治大學講座教授兼商學院院長‧美國普渡大學管理學院名譽講座教授）

　　近年來，商業環境急遽變化，科技化及國際化加速發展，創造了很多商業機會，創業家能藉著即時的創新想法，在短短的時間內，發展出很大規模的企業；在同時，也嚴峻的挑戰了許多傳統的商業模式及公司結構，甚至顛覆了一些根深蒂固的思維及價值。對這一個新的發展，許多管理學者及企業界的先進，紛紛提出新的競爭理論、轉型方法及解決方案。其中，多數的論述都建立在網路及自動化科技、數據的取得和應用、新世代的資訊獲取模式、線上社群關係、人工智慧等面向，主要仍以較狹隘的產品導向為思考的基礎，缺乏一套完整的思考架構。

　　本書所討論的平台策略，是一個新的策略思維，其重心由個別產品提升到平台，不但很清楚的描述了一些平台式企業的商業模式，並能解釋平台建置策略成功因素，典型的平台式企業包括蘋果（Apple）、Google、亞馬遜（Amazon）及臉書（Facebook）等。平台策略更提供企業一個新的思維結構，來檢視原有商業模式，修改或重新制定未來的策略及規畫，以因應

日趨競爭的商業環境。

　　埃森哲（Accenture）估計，平台式公司的總市值在 2016 年為 2.6 兆美元，並更進一步預測，五年內，平台生態系統與電子資產，及其衍生的價值創造能力，將成為一家企業評價的要素之一。這一個發展是所有企業主及專業經理人都應該關注的。

　　本書的第一作者，陳威如教授畢業於美國普渡大學葛蘭管理學院，該學院享有管理學術研究的崇高地位，在策略領域中，有多位權威級的大師，包括阿尼・庫柏（Arnie Cooper）、丹・薛道爾（Dan Schendel）、卡洛琳・吳（Carolyn Woo）等，培育了許多傑出的畢業生，分布於全球許多頂尖商學院中，也創立策略管理領域的頂尖專屬期刊《*Strategic Management Journal*》。陳教授於 2003 年自普渡大學畢業後，先後任教於歐洲工商管理學院（INSEAD）及中歐國際工商學院（CEIBS）兩間全球頂尖的商學院，畢業以來，在研究及教學上均有非常傑出的表現，更難得的是他多年來在實務上的積極參與和深遠影響，是我引以為傲的一位普渡大學傑出校友。

　　在《決勝平台時代》書中，作者對平台策略有詳細的介紹和獨到的詮釋，並收集大量的兩岸企業案例，使用嚴謹的研究方法，精細的觀察、整理、分析與歸納；因此讀者能容易的得到很清晰的觀念，並且能藉由熟悉的企業為案例更加深印象。例如，微軟創辦人比爾・蓋茲（Bill Gates）對金融科技的影響，有一句很傳神的話，他說：「Banking is necessary; banks are not.」（意即，銀行業務是商業活動所必須，但不一定要由銀行來提供），在本書第二章討論有關互聯網金融時，使用多家中國企業的借貸眾籌平台為例，使得這一句話的意涵非常清楚。

　　本書的貢獻不只單在觀念層次上，也很具體的提供企業行動原則，包括如何處理平台創新，以及執行轉型的策略與過程。總體而言，作者有清晰而簡潔的陳述風格，本書有前後連貫的完整結構，讀者能藉輕鬆的閱讀，對平台策略與轉型有深刻的了解，是關心企業未來發展的企業主及專業經理人，很值得一讀的書。

從王道思維出發，
以平台整合面對典範不斷轉移的挑戰

施振榮（宏碁集團創辦人／智榮基金會董事長）

　　由於科技不斷的演進發展，加上在全球化與自由化大趨勢下，產業的典範也不斷轉移。雖然早期「垂直整合」原本是產業相當具競爭力的一種運作模式，不過近三十年來，在全球化的發展之下，基於競爭力的考量，產業已逐漸由「垂直整合」走向「垂直分工、水平整合」的發展趨勢。

　　且由於互聯網的普及發展趨勢，以前產業競爭是公司之間或供應鏈之間的競爭，但在平台整合的大趨勢下，近十年來，已發展成為產業平台跟跨產業平台之間的競爭。

　　在此過程中，我們應該由王道思維來思考，如何因應社會的需求，利用相對有效、有誘因且利益平衡的新模式，讓產業生態圈內的參與者能共創價值，進而滿足社會日趨多元化且快速變遷的各種需求，這也帶動了產業的典範不斷轉移。

　　產業的發展從垂直整合走向分工，很關鍵的就是產業要建立開放式標準，也唯有在開放式的共通標準下，每一個產業分工都可以在共通的標準

上各自創新，雖然如此會讓競爭更為激烈，但也讓成本降低，並建立起產業合作的新模式。

目前因為互聯網的發展及物聯網裝置的多樣化，人手多機，但在開放式的平台上，各個產業都可以利用互聯網這個開放平台，這也造就了產業4.0及互聯網＋的快速發展，逼得所有產業都要能提供符合消費者的新需求，且要做到成本低、服務好、更新快及客製化的大趨勢。

而各個產業如何利用開放式及分散式的原則來建構平台，讓大家在此平台上共創價值，也是未來的大勢所趨。

陳威如教授在此領域也很深入的研究，加上中國市場規模大，在市場引領下，投入創新者眾多，書中也有很多成功的案例供大家參考，陳教授也進一步從管理的思維歸納出面對未來，每個人不能不知的平台競爭及轉型策略，在此將本書推薦給各位讀者，相信對您的企業經營管理定能有所助益。

大環境變化快速，面對未來的挑戰，我認為關鍵還是在於「王道」的思維。所謂的王道就是人人小小組織的領導人之道，「創造價值、利益平衡、永續經營」是王道的三大核心理念，如何打造一個可以讓大家共創價值且利益平衡的平台，是贏向未來的重要關鍵。

此外，各行各業的領導人也要以「六面向價值總帳論」來評估事物的總價值，在「有形、直接、現在」的顯性價值外，更要重視「無形、間接、未來」的隱性價值。身為領導人就是要能看見看不到的隱性價值，然後從「利他」的思維出發，最終也將「利己」，所以我說：「利他是最好的利己。」

從平台革命到平台化轉型

林丕容（博客來數位科技公司董事長，大學光學科技公司總裁及創辦人）

現在不會上網，幾乎可以說不是現代企業。但 20 年前，我共同創辦博客來網路書店，當時網路才剛萌芽，電子商務起步維艱，很多網路公司歷經興盛、繁榮、泡沫、殞落，然而存活下來的公司，日益增長現已成為行業的主流。

如博客來，現已成為全球繁體書最大銷售平台，跨境電商可以到香港、澳門、新加坡，甚至美國，可以說有華人的地方，就有客戶的機會。同時，博客來的品項也由傳統書籍，擴充到影音光碟文創商品及流行百貨等。

這種「平台」企業的發展，取代傳統書店及零售商，呼應本書強調現代商業世界 3 大趨勢，即是「去中間化、去中心化、及去邊界化」。

近十年來，這種趨勢更加明顯，能快速發展蓬勃的，幾乎其商業模式多是平台型的企業，也就是藉由網路效應來連接不同的群體，調動各方參與，滿足人們未被滿足的需求，這就是平台的商業模式，也是前一本《平台革命》書中的精華。

現今這股網路效應的浪潮趨勢，也衝擊到幾乎所有企業，不僅所謂的典型網路公司，也包括傳統行業，平台化轉型的壓力勢在必行。然而為何要做平台化轉型？其系統性方法及步驟如何操作與思考？本書提供最佳的解答，由策略規畫、組織調整及人才布局，都提出完整的說明。可以說任何參與企業的經營及管理人員都必須深讀，即使本身不是平台化轉型企業的核心，也必然受到此一趨勢浪潮影響，不能不重視及充分理解，以免在時代變遷中，無法應變或參與而被淹沒。

本書《決勝平台時代》不僅提供平台化轉型的方法論，更提供非常多而好的相關實際案例分析，主要是中國及台灣的企業，因為他們面對的是全球最嚴苛，也最誘人的競爭環境。這種案例分享，對於讀者會有很多的啟發，觸類旁通，也能從個案的成敗借鏡。這些近期的案例，作者煞費苦心，深入調研，彙整精要呈現。如同大時代的變化巨大，書中案例的演變，在撰寫過程中，已經有很大幅度的調整，甚至迥然不同。因此在參考案例時，也應有動態變化的理解，才能隨著時代的推進而理解。

以我經營另一個、所謂傳統的大學眼科及眼鏡連鎖企業，在平台化轉型及應變，也是積極往 O2O 進行平台化轉型，並加入大健康產業中具備平台及生態的企業群。可以想像，即使最保守的傳統醫療健康行業，也正受到這種重大網路趨勢的影響，而其中重要的理解與轉型操作，都可以在本書中找到啟發的想法及具體的執行步驟。

是以，在時代網路化普及的大趨勢下，不論是由網路或傳統企業的參與者或投資者，都適合參考書中的平台化轉型方法步驟及實際案例，也當成為企業必備經典作品。

平台力，
決定企業未來競爭力

林之晨（AppWorks 之初創投合夥人）

　　20 年的網路普及持續帶動新平台崛起，時至今日，全球市值前 5 大企業：蘋果（Apple）、Google、微軟（Microsoft）、亞馬遜（Amazon）、臉書（Facebook），亞洲市值前兩大公司 ── 阿里巴巴、騰訊，都是新平台起家業者。換言之，平台已然成為 21 世紀主流企業戰略，不僅既有平台持續擴張、堆疊，Uber、Airbnb 等新創業者，也前仆後繼投入次世代平台建立。左右夾擊下，傳統企業無法再求偏安，必須起身面對這些強大勢力，積極去占領屬於自己的優勢平台。

　　在這大環境結構下，長期研究新興平台的陳威如老師（與王詩一女士），整理出這本企業如何轉身平台的大作，是非常有意義的。

　　本書從「為什麼」出發，首先破題既有企業缺乏平台力而引發的三個致命點。接著進入策略規畫，探討價值鏈解構、平台建立，以及邊界的設定。這兩章簡潔有力，配合豐富的案例，先帶閱讀者思考建構平台要解決的問題、達到的成果。

　　第三章組織調整是我最喜歡的段落，陳老師用新業務與原有舊業務協同程度為 Y 軸、資源依賴為 X 軸，為希望執行平台化轉型的企業，畫出類似 BCG 矩陣的四個象限，分別為轉舊為新、新舊並行、借助外力，以及投資觀望，接著深入分析 X、Y 兩軸代表的意義，以及四種組織調整策略的特色與參考案例。

　　觀察國內企業追求平台化轉型，往往對於組織慣性，以及因此造成的「創新者兩難」阻力缺乏客觀認知，多半僅依賴「轉舊為新」與「新舊並行」兩種內部模式，但對於「借助外力」與「投資觀望」兩種外部策略不夠重視，最終反而錯過產業與市場板塊位移的最關鍵時期，陷入無法翻身的困境。陳老師本書理性分析四種模式特性，希望能夠引起更多台灣企業領導人客觀看待，內外策略並重。

　　而後第四章探討建構平台所需要的人才，深入淺出。第五章講平台未來，言簡意賅，如此完成一本這個時代的重要著作。回顧過去 6 年建立 AppWorks 生態系經驗，的確與其中諸多描述契合，我自己也從陳老師整理的案例中，獲得不少新的啟發。

　　時代浪潮推著海象變化，在水上航行的我們，沒有抱怨的餘地，更沒有守舊的權力，只能不斷努力站在浪尖。過程中偶爾後知後覺，被搭上暗潮的後進者超越，這時也只得奮力滑水，抓住下一波大浪，才能重回前緣。

　　在平台已成主流的今日，傳統企業幾乎都在倒退，有些甚至已陷入惡性循環。希望讀完陳老師這本《決勝平台時代》，更多領導者能取得決心、明智抉擇、有效執行，真正逆轉自己在這場世紀典範轉移中的命運。

各界推薦
（以下依筆畫順序）

　　陳威如教授和王詩一對企業平台化轉型有全面而深刻的理解，從策略、組織結構到人才布局、具有可操作性地解構了一個企業到一個生態圈的飛躍。大而空洞的思維會害死企業，所以嚴謹而充滿洞見的《決勝平台時代》不可多得。

　　　　　　　　　　　　　　　周鴻禕（奇虎360董事長、首席執行長）

　　海爾致力於轉型為互聯網企業，探索的難點在於企業平台化，我們希望打造繼聚合、社交、移動之後的共創共贏的新平台。探索還在路上，《決勝平台時代》一書為我們展示了豐富的轉型案例，相信一定能為更多轉型企業帶來有益啟發。

　　　　　　　　　　　　　　張瑞敏（海爾集團董事局主席、首席執行長）

這是一個「平台革命」的互聯網大時代！我們生活中充滿各式的平台，快速改變我們每時每刻的動態行為。

叫車我們可用 Uber、訂房上萬的選擇有 Airbnb，若想跟朋友聯繫與溝通，只要手機一滑打開 wechat、Facebook、LINE 等即時社群通訊軟件，即可隨走隨看隨發訊息。購物不必出門，台灣有各種如 momo、PChome、中國有京東與淘寶等購物平台可選，現在買國外商品也只要上亞馬遜點幾下就可完成下單，這一切像魔法般極為便利，風險極低，不滿意還可免費退換貨。若想看各類型電影、影集，每月只要小額付款即可在網飛（Netflix）訂閱得到，優酷、土豆、Youtube 等也有看不完的免費視頻內容，KKBOX、iTunes 提供你聽不完的音樂。

當然，這些你我熟悉的例子，僅是平台革命冰山一角，當人（用戶）、場景（體現）、生活（行為）、商業（供需），各種藩籬與阻隔已可快速架構在互聯網服務平台上時，平台已成了當前企業最重要的戰略核心目標。而這本書《決勝平台時代》的出版，正是指引傳統企業如何在此激烈變革環境中蛻變、突破與創新的最佳寶典！也提供了新創企業一套非常清晰有系統的互聯網平台思維及方法論。

許景泰（SmartM 世紀智庫創辦人）

商業和生活正在被技術革命深刻的改變。移動互聯讓生產者第一次接觸最終消費者（去中間化），也讓跨界融合越來越重要（去邊界化），個性化需求催生共用經濟的發展（去中心化），各方參與者之間的分享則正在取代

原來的價值鏈的功能。如何在這個時代拓展商業？從理論到實踐的思考，從框架到案例的總結，陳威如教授和王詩一的新書絕對開卷有益。

陳龍（螞蟻金服首席策略長）

在大數據分析與互聯網平台席捲全球的潮浪下，企業不斷自我檢視、自我解構與自我挑戰，戮力尋找未來十年不變與戰略架構，希冀獲取持續成功的密碼。

理論上，平台的價值應建構在企業明確的核心競爭力上，但弔詭的是，企業現有的核心競爭力往往形成核心僵固，反造成其無法轉型的根本原因，這是一個困難地，反覆思辯，尋找新出路的過程。

陳威如教授與王詩一的新書《決勝平台時代》，是一本「現在進行式」的書，以系統性、結構化的模版與新鮮熱辣的具體案例，刺激我們跳脫以往框架，引導跨界思考。從平台架構走入平台化轉型的組織架構、人才轉型與文化價值觀，這些觀念要植基於企業深層的 DNA，也是企業轉型升級、進行變革最根本的源頭。

改變從來沒有標準作業程序，但只要願意開始，永遠都不遲，期望本書可以做為大中華區兢兢業業夙夜不懈的企業家們，非常好的平台教戰手冊，誠摯推薦。

黃偉祥（大聯大控股公司董事長）

　　不久前，拜讀了陳威如教授（與余卓軒先生合著的）的前一本書《平台革命》，產生一個「覺悟」。悟到互聯網＋的時代潮流將帶動產業變革，網路及平台經營模式很可能會因為其結構優勢而逐漸取代「傳統線性生產產業」。我經營了 32 年的研華科技目前之狀態，大致就是標準的傳統線性生產企業。這個覺悟帶給我強烈的認知，我們必須啟動變革，在潮流的前端轉型成為先進平台模式。

　　但具體如何做呢？正在徬徨猶豫、深刻思考之際，先看到了陳威如教授與王詩一合著的簡中版《平台轉型》（繁體中文版為《決勝平台時代》）。我驚訝的發現，書中充分且完整提出了執行步驟、要領及心法，可以說大幅度的解決了我的疑問。得到這些論述的指導，我召集公司若干有關主管同仁，在短時間內設計了一項新事業計畫，準備成立新公司「物聯碼頭（IoTMart.com）」，以外部新公司但充分與母體連結之模式，來啟動研華集團的平台變革，希望引導研華集團在幾年後，成為物聯網解決方案平台經營的全球領先企業。

　　平台企業將以其「去中心化」、「去中間化」、「去邊界化」之經營概念創新突破，藉網路之巨大影響力量成為新時代贏家。傳統企業只要有充分認知加上即時啟動必要轉型，將過去的實體優勢加上新的平台概念，也可以成為新時代贏家。

　　如今，《決勝平台時代》繁體中文版的上市，無疑是有心平台化轉型的企業人最佳的導師。

劉克振（研華股份有限公司董事長）

　　《決勝平台時代》一書中所講的轉型方法，包括找到行業裡最值得突破改革的點，排除價值鏈中的資訊屏蔽者、價值壟斷者、成本虛高者，利用平台商業模式來縮短不高效的產業鏈，讓資訊自由流動等，和京東所走過的路、摸索出的戰略，很多不謀而合，思維相通。書中的一些方法論給了我們不少具體的啟示和借鑑。因此，我想要把這本書推薦給更多的企業家、創業者和對平台化轉型感興趣的人。

劉強東（京東商城創辦人、董事局主席兼首席執行長）

超越平台思維，
邁向企業轉型

李吉仁（台灣大學國際企業學系教授，兼臺大創意與創業中心主任）

　　隨著移動互聯網技術的加速進步，平台（platform）的概念與應用面的創新，在過去幾年裡，如雨後出筍般的快速崛起，其影響層面不僅僅在消費需求的服務端，更逐漸往傳統製造業與供給端發酵。事實上，平台商業模式的出現，不能只簡單視為互聯網技術創新後的策略選項，它代表的是產業運營的典範移轉（paradigm shift）。

　　基本上，傳統的產業鏈是個線性的關係，上下游分工明確，產業結構取決於各階段的營運特性（規模經濟、技術內涵、資金等），供需之間的相對議價力決定了價格，儘管終端市場需求是驅動生產投資與規模的來源，但需求的滿足通常須受制於供給面的有限彈性，客製化需求若非無以滿足，便是須支付較高價格。加上，供需之間的資訊不對稱降低了交易效率，使得經風險計算調整過後的交易價格提高，不僅消費者不能享有物超所值的產品或服務，生產端的資源亦產生無謂的浪費。

　　全球化生產（globalization of production）模式的興起，提供了降低生產

成本的途徑，規格標準化、產業水平分工與全球供應鏈協作，更進一步強化了產業供應速度與彈性，但產業運作的「生產導向、產品導向」特質，並沒有本質上的改變。

然而，透過移動互聯網的加持，平台模式的出現，呈現截然不同於線性產業鏈的思維。平台經營者著眼於跳過低效率的中間鏈條，直接連接供需兩端（去中間化），透過即時資訊與有效的數據分析，精準的對接供需與滿足分眾市場的需求，甚至在匯聚分眾需求後，逆向驅動生產端的適時、適量、適質供應（去中心化）；尤其是可以調動低邊際成本的閒置資源，換取沒被開發的消費者剩餘（consumer surplus）。當平台完成「本業」的供需滿足後，更可以在建置基礎（installed base）上、從本業的周邊需求擴散，從而擴張成多元的交易平台（去邊界化）。由此可知，去中間化是平台創新的基礎，去中心化則是平台價值的來源，而去邊界化可說是平台擴張的方向。

整體而言，平台模式的發展，不僅讓線性的產業鏈進化成多元迴圈的生態結構，更驅策產業有機會往「市場導向、顧客導向」的本質傾斜。正因為平台具有的典範轉移特質，對既有產業內業者而言，可說是迥異的營運邏輯與資源配置，通常難以有效回應，因此，平台便成為諸多產業的破壞式創新挑戰者（disruptive innovative contenders）。例如：不需建旅館的旅館業（Airbnb），不需投資汽車與司機的運輸業（Uber），不需記者、原生新聞與印刷廠的新聞媒體（Buzzfeed），不需開銀行的金融服務業（陸金所）。

相對於傳統生產鏈的生產供應商（suppliers），平台運營商本身便是市場創造者（market makers），其運營思維也必須有所調整。首先，平台經營者面對雙邊到多邊的參與者，必須建構能有效激發同邊與跨邊網路效應

（network effect）的活動，才能使平台運營規模有效的擴大，從而達成盈利的可能性。因此，發展平台模式需要氣夠長，在各成長階段需要不同能力的風險投資者注資支持。

其次，做為「新中間商」（new intermediary），平台經營者必須竭力去除交易障礙，提高供需雙方的正向使用經驗（experience，合理盈利與消費滿足），從而透過合作夥伴對平台的信任度，提高參與者的平台黏著度（stickiness），進而建立平台的價值與模仿障礙（imitation barriers）。因此，使用經驗（Experience）、培力趨變（Enabling）、與深度鏈結（Engagement），這三個 E 成為平台在規畫策略活動上的重點，也才能落實真正的顧客導向思維。

最後，不同於一般生產供應商的「將本求利」、「股東利益」思維，平台經營者需要讓各邊參與者先得利，尤其是跨界參與者，需要充分考量他們參與的機會成本，因此，平台的經營上必須秉持「利他才是最好的利己」，並充分落實所有利害關係人（stakeholders）的利益平衡，也就是王道的經營思維。

正因為平台的商業模式本質與經營邏輯，迥異於過去的思維，所以，儘管許多企業想要往平台模式前進，卻常常呈現「腦袋有想法、身體沒辦法」的轉型困境，或是「左手打右手」的變革窘境。為協助有心走向平台營運模式的企業順利轉型，陳威如教授繼上一本（與余卓軒先生合著的）大作《平台革命》，大受市場好評後，兩年後（與王詩一女士合作）推出這本《決勝平台時代》，內容針對有志於平台經營的業者，從平台模式設計、組織轉型、人才布局、文化轉變等四個面向，透過多重個案研究的方法，歸納成

有步驟、可執行的管理作法，形同一本讓平台策略能夠落地實踐的教戰守則（management guidebook）。

由於陳教授多年來專注在此一議題的研究、教學與諮詢工作，案例收集得極為豐富與廣泛，加上諮詢過程的實務經驗，使得內容的實用性大為提高。儘管本書由於篇幅有限，沒能逐一深入呈現個案的細部內容，但透過平台化轉型案例所歸納的執行重點，相信可以帶給有心企業實用的參考。加上全書文字淺顯易懂，案例也充分反映中國的平台事業發展實務，閱讀完後應該可以「很接地氣」。

除此而外，陳教授在章末針對平台模式的未來發展，尤其是平台生態迴圈的多元複合發展，平台概念影響組織的組態（configurations）與運作邏輯，甚至影響人們的工作行為與價值觀，亦有畫龍點睛的討論，很值得進一步的深思。

對國內企業而言，絕大多數過去都習慣於擔任全球供應鏈的效率化供應商，尤其是在標準化規格下，透過生產規模化與運營效率化，建構產業競爭力。過去的成功所帶來的「產品導向、成本導向」思維，逐漸成為不自覺的經營慣性（inertia），在產業典範轉移的潮流中，若無法透過深刻組織流程、文化與思維的轉型，將很難建立下一個成功方程式。尤其，放眼未來在物聯網的應用商機中，面對垂直產業、分眾需求，如何以真正的平台思維，提供加值服務、甚至解決方案，已成為成長不可迴避的選項。

個人與陳教授有多年的合作研究與共學情誼，能替他的新書為序導讀，深感榮幸之餘，更希望本書能夠啟發、激勵更多企業運用平台思維，啟動轉型成長！

目錄
Contents

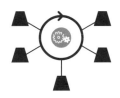

第 1 章
企業為什麼要平台化轉型？ ……… 041

第 2 章
平台化轉型的策略規畫 ……… 063

緣起及感謝

陳威如、王詩一　　2016/10/25

　　在台北、上海、北京等很多城市，當我們深入企業與組織進行交流時，最常討論的議題是什麼呢？答案可能會是「擔憂」與「困惑」。在這一群身為商業社會菁英的企業家所念茲在茲的，無非是企業未來是否持續成功的隱憂。

　　自 2013 年出版《平台革命》一書開始，我們接觸到各領域的企業創辦人、高階主管、投資者和員工，他們熱切的想知道，「平台」將會如何影響他們未來的企業和職業發展。在企業經營中，該如何具體、一步步的進行、實踐平台模式到企業中，以獲得永續的競爭優勢。在個人發展中，該如何將平台理念運用在職業、團隊、公司的選擇上，如何以此創造出更好的工作環境並達成更優的工作結果。

　　有感於大家的困惑，於是我們開始挑戰這一本，以傳統產業向平台商業模式及組織型態轉型為主題的書籍。從最初的動念到最終的完稿，歷經超過兩年時間，這七百多個深入調研、創作撰寫的日子，就相當於面對一

場未知的旅程，卻又和一批前瞻的企業家、先鋒者和智庫團體們，並肩摸索著路徑，逐漸撥雲見日。這段令人興奮又高強度思考總結的過程，讓我們能從他們的實踐經驗中萃取出精髓，把商業最前沿的理念與解決方案在第一時間帶給讀者。

也因此，在撰寫過程中，除了書的內容不斷豐富，最令我們感慨的應該是書中案例的演變。出現在書中的案例，從第一次交流、思考分析、寫成初稿到現在，大多數都已經幾易其稿。案例的變化只是在紙面上，然而在現實中，可能意味著驚濤駭浪的改變，這些公司的商業模式、業務、規模、組織都已經有更大幅度的調整，甚至可以用「迥然不同」來形容。

這大概也是現在全球商業社會的特點：節奏飛快，變化巨大，機遇此起彼伏，卻又稍縱即逝，年初制定目標時，可能完全不知道年中會發生什麼事。「不確定感」與「困惑」頻頻出現。這樣的商業環境，導致很多亞洲公司的商業模式之複雜程度、產業競爭之激烈程度，以及由此引發的營運難度、創新要求，都遠高於美國或歐洲的類似公司。在這樣的環境中，企業更需要理論的指導。

《決勝平台時代》一書正是在這樣的背景下誕生，我們懷抱著擁抱未知、深度探索的心態，從學者的視角來梳理正在發生的種種現象，期盼在這個階段，同時在生態圈快速變化的、獨特的商業環境中，從學術和實例結合的角度，提出一些系統的方法和建議。企業轉型是一項系統性的浩大工程，需要十足的耐心、毅力和理論指引。

轉型，是傳統企業脫胎換骨、突破自我、求新求變的過程。僅僅是鼓起勇氣邁出改變的一步就已經相當困難，遑論要在變化中重生、昇華，甚

至浴火重生。而轉型與創新的區別在於，創新只在求新，不在破舊，轉型卻是破舊立新，是要破除過去創造成功的優勢，成長出新的能力，若稱其為企業經營生涯中的最大挑戰亦不為過。

這正是研讀這些經典案例所帶來的重要啟示。即使未來難以捉摸，即使成功可能是階段性的，我們也能從中體悟到，這些企業家走在最前端的智慧與魄力。而當我們開始提筆寫作時，就像開始了一個有趣的良性循環，我們所研究的企業，在實踐過程中促成更多完善的書籍內容，而更豐富的內容則讓我們用於和企業溝通。一輪接著一輪，激發出更多具啟發性的討論和結論。

而且，當研究更加深入，我們發現，平台的理念已經滲透到了個人的職業發展領域。所以平台更多的意義，不僅在於教會企業家怎麼管理公司和員工，而且能夠給予個人以啟示，規畫出契合未來職業新趨勢的職業發展道路。人會變得更自由，公司變成了提供信息和資源的平台，人與公司的關係變成是平等合作的，而不是上下級森嚴的；人們擇良木而棲，人們不再甘願成為一根小螺絲釘，而是希望進駐於平台化組織，靈活的進行工作。良好的架構不再是龐大笨重的集團，老闆拍拍腦袋便可以隨意調整結構，而是把公司支解為擁有獨立作戰能力的有機體，讓組織扁平化，讓戰隊小組化，挑選各個觸角的精英來獨挑大梁，所以做為個人，在小而精悍的快速作戰隊伍中工作。人們所從事的職業，是富有創造力和藝術感的，機械化、數字化的工作將逐漸被機器所取代，人的個性和特點各被看重，也有望活出更有自我、更具個人色彩的職業人生。

本書案例主要聚焦在中國大陸和台灣的企業，因為他們面對的是全球

最為嚴苛，卻也最誘人的競爭環境之一。讀者可以透過參與他們的旅程，接觸到平台轉型的原因、思考和方法。例如洗衣連鎖品牌榮昌公司轉型 e 袋洗過程中的自我顛覆，而成為向全行業導流的平台；京東全面從自營模式向平台延伸，用京東到家豐富京東商城、用眾包「幹掉」京東物流；海爾集團將大集團打散為微型企業自主經營體，提倡人人都做 CEO；台達電自我突破，順勢而為，與上下游合作完成綠色能源產品與項目；愛買即使網上平台只占愛買整個銷售額的 5％，也拼盡全力發展新方向，為客戶提供更方便快捷、服務好的網絡銷售平台；台灣的設計網站 Pinkoi 用平台吸引兩萬多名設計師進駐，規模和創新程度遠勝線下；EZTABLE（簡單桌）連接餐廳與顧客，幫助五星級高級飯店發展新業務。

我們十分感謝這些企業家無私的經驗與智慧分享，幫助世人一窺平台企業的奧秘。謝謝海爾董事局主席張瑞敏、京東創辦人劉強東、宏碁集團創辦人暨智榮基金會董事長施振榮、研華股份有限公司董事長劉克振、大聯大控股公司董事長黃偉祥、AppWorks 之初創投合夥人林之晨、金蝶創辦人徐少春、九陽董事長王旭寧、豬八戒網創辦人朱明躍、榮昌 e 袋洗董事長張榮耀、韓都衣舍創辦人趙迎光、台灣大學李吉仁教授、政治大學唐揆教授等對本書的貢獻，還有許多提供寶貴意見的企業家、學界人士，無法在此一一列舉，特此致謝。

現在，我們把所有提煉過後的思考都呈現在書中，希望讀者在各個變化的風口處，無論是從學術界出發，還是從企業實踐啟航，都能夠「莫愁前路無知己」，共襄平台化轉型盛舉。

前言

「要採取重大的改變，我們就必須面對相當的風險。」廣播裡，一位受訪者正充滿信心的介紹公司最新策略，「但我們知道，有 90% 的顧客已經告訴我們，只要有機會購買新的相機，他們一定會選購我們『先進攝影系統』的產品[1]！」

這個廣播節目叫作《今日高科技》（High Tech Today），受邀訪談的羅伯‧菲爾仁（Robert Farran），當時是柯達公司的「策略和商務拓展總監」（Director of Strategic and Business Planning）。他所服務的柯達公司，在當時名列全球前 5 大最具價值的品牌。

這是 1996 年 2 月，當時年營業額高達 160 億美元，有十幾萬名員工的柯達，正雄心壯志的展開重大轉型序幕，推出「Advantix 先進攝影系統[2]」。這個產品被視為跨時代的代表，雖然和以往的相機一樣使用底片，卻搭配許多數位功能。

「用 Advantix 相機拍攝照片時，它會在底片感光同時，生成一幅相應的

數位圖像。因此，消費者可以在沖洗底片前，透過 1.8 吋 LCD 液晶螢幕看到照片效果。如果對剛拍的照片效果不甚滿意，可以按相機上面的一個按鈕，告訴照片沖洗店不要洗出這張照片。」在節目中，菲爾仁這樣介紹。

這當然是柯達歷史上偉大的一步，標榜從傳統底片相機過渡到數位系統產品的里程碑。柯達宣布，公司將投入史上前所未見的龐大廣告經費，讓所有人都能擁有這個劃時代的新產品。「今天，相機產業正在重塑消費性攝影產品。我們的產品將帶動人們的照相習慣起飛，飛得更高、更遠，直到他們人生的新境界。[3]」這是當時的柯達執行長費雪（George Fisher）在產品發布時發下的豪語。

多年後，當我們回顧此一事件，明確了解柯達那次轉型是失敗的。非但失敗，它更決定了柯達的版圖自此一路衰退，直到 2012 年申請破產，終結柯達將近 130 年的歷史。

對此，人們在訝異與歎息之餘，也迫切的想要明白，為何握有數百種影像技術關鍵專利的業界龍頭，竟然一夕走入末路？在研發 Advantix 的過程中，柯達曾經進行過數次大規模的市場調查，希望全方位解決人們的痛點。他們聘請許多協力廠商和市場調查機構，挖掘出消費者的核心需求：想要更好的相片品質、希望自己可以調整照片的規格、想要能夠預覽拍攝畫面……。

事實上，柯達甚至動員所有相機產業龍頭，包括佳能（Canon）、尼康（Nikon）、美能達（Minolta）、富士（Fujifilm）等，一同把以 Advantix 為代表的攝影系統推崇為「最創新的產業標準」。

在當時，確實沒有其他已經商業化的技術比 Advantix 更為先進，也不

存在所謂的競爭者。柯達與其盟友所提出的轉型方案，全面解決了上述所有未被滿足的消費者需求[4]。更重要的是，它還維持使用底片的方式，人們依然必須購買底片、沖印相片。因為柯達正是依靠販售底片、沖印照片及相紙為主要獲利，此舉也確保了自己和同產業所有成員的獲利。

這是多麼令人興奮的事。柯達設立新的產業標準，與所有產業龍頭結為聯盟，無人與之競爭，消費者心中的需求也獲得滿足，一切看似如此美好。那麼，柯達為何失敗得如此慘烈？

個人電腦普及帶來的衝擊

要了解這件事，讓我們回憶一下在柯達高舉轉型旗幟的那個年代，世界究竟發生了什麼事？

當柯達的高層關著門在會議室裡，討論如何面對相機的未來時，越來越多的家庭接觸到一個有趣的東西：個人電腦（PC）的 Windows 視窗作業系統。微軟（Microsoft）擊敗了當時的蘋果（Apple），讓視窗系統全面普及化。家家戶戶的桌上都出現一個方正的盒子，裡頭的畫面簡單而且容易操作。

這一個作業系統對人們的工作方式產生革命性改變。以往透過紙張的文件書寫方式，被電腦上的文書作業系統所取代，人們開始習慣於電子數位化的瀏覽與作業方式。其後，互聯網的興起與發展，人們更開始以電子郵件（e-mail）傳遞檔案，逐漸擁抱電腦、視窗、互聯網共同帶來的一種全

新生活方式。

此後，隨著網路科技發展，數位化進一步結合無所不在的上網功能，啟動人與人之間「即時複製」與「分享」的欲望，無論是文件、圖表、或是照片，都可以在電子產品的協助下，實現複製並立即與他人分享的功能，同時也獲得互動回應，自此引發勢不可當的網路社交風潮。

遺憾的是，即使當初柯達做了全球最大的需求調查，所有用戶的回答都只與照片或相機有關，還沒有任何關於「分享、互動」的概念。當時人們並不知道自己心中存在這一個原始的驅動力，直到視窗系統的銷售進入快速成長期，帶動數位相機的普及，落實用戶把一張張照片無限複製、分享給親朋好友的可能性。這是柯達所未能預見的。

時至今日，互動與分享的機制，已經成為所有創新產品的必要配備。亞馬遜的 Kindle 電子閱讀器擁有內容分享的功能，讀者可以提出對作品的評價並相互討論。觀賞影片的網站，也讓觀眾即時發表自己的想法，如年輕人流行的彈幕(註1)。就連出版業也想辦法創新，設計一種擴增實境（Augmented Reality，簡稱 AR）的工具，讓讀者在看書時，能夠即時看到其他讀者對該章節的評價。這些都是基於人類互動需求所開發的功能。

如今蘋果、三星、小米等擁有行動互聯功能的智慧型手機，更全面取代數位相機，因為單是能夠分享的機制已無法令人滿足，人們還希望能夠在拍攝完的「下一秒」便分享給朋友。甚至，網路直播節目實現了生活的時

（註1）彈幕：原意指用大量或少量火炮提供密集射擊。現指網絡電視節目播放時，螢幕上同時出現大量以字幕形式顯示網友評論的現象。

時分享，用戶拿起手機可以一窺名人、有趣的普通人的實時的才藝表演、生活狀態，甚至吃喝玩樂。

柯達雖然預見了數位化技術的未來，卻忽略人們情感面的互動分享需求，因而在轉型過程中，不斷在舊有的底片沖印技術與數位相機設備兩者之間徘徊，不敢大刀闊斧的推出不具備底片功能，卻易於複製與分享的全數位相機產品，最終錯失了先機，導致一敗塗地。

柯達所錯失的機遇，其實是在互聯網時代很重要的一股推動力量——網路效應(註2)。

指數型成長的網路效應

這股力量是人們在演化過程中，基於求生本能所形成的一種渴望，一種被群體接納的歸屬需求，在被網路虛擬化後，所創造的一種擴散效應。概括來說，網路效應就是，當某種產品或服務的使用者越多，對人們帶來的總體價值與影響，便會呈指數型的成長。

假設全世界只有你一個人擁有手機，你不能打電話給任何人，便無法體現手機的價值。但是當你的親朋好友都買了手機，手機便開始出現價值了。而當全世界每個人都有手機，在任何時候、任何地方，人們都可以彼

（註2）網路效應：Network Effects，對個別消費者而言，一項產品價值取決於市場整體的使用人數；因此該產品的使用者或用戶人數越多，對新加入者的價值或效益就越高，因此越具吸引力。

此聯繫，此刻手機需求便會出現爆炸性成長。甚至原本沒有手機的人們也被迫去購買，否則將與世界失聯。

如果所有人都能靠智慧型手機拍照，且下一刻便可以相互傳輸，那麼你手中捧著的那台高品質、卻必須等待幾天才能洗出畫面的相機，便失去大眾價值，這就是網路效應。換言之，「網路效應」是人類行為當中一種非常原始的力量，驅動著我們想與更多人連結，驅動著我們想與更多人分享一切。

於是，某種創新的企業模式誕生了。

這種商業模式建立了特定機制來捕捉這股力量，藉由網路效應來連接不同的群體，讓各方投入參與，滿足人們未被滿足的需求。這就是「平台」的商業模式。

騰訊網（QQ）與微信（WeChat）讓人與人之間的連結更為緊密，讓分享無所不能；阿里巴巴連結了跨國的中小企業，讓交易變得更為便捷。

就連許多傳統企業也朝平台模式轉移。例如中國萬達集團不惜裁員，也要改變商業地產的模式，不再像以往擠在密閉空間裡計算坪效，而是把新一代的商業地產打造成全新的生態環境，建立消費者喜愛的藝廊、電影院、遊樂場、SPA 場館，甚至室內沙灘等，大幅降低純零售商家的比例，提高體驗式的互動環境以聚集人潮，藉以啟動網路效應。而傳統的煤炭流通企業，不再僅僅進行單向的物流業務，而是打造出資訊分享及交易平台，凝聚產業鏈中的所有成員，讓採購者、供應商以及金流、物流等服務提供者，甚至包括以往的主要競爭對手，彼此間交流互動。上述企業均透過連結所有人的需求，提供全新的商業價值。

這些企業，我們稱之為「平台」的企業，呼應了商業世界的 3 大趨勢，即是「去中間化」、「去中心化」及「去邊界化」。正是這股「平台化」浪潮擊垮了柯達。

柯達曾在全球各地都設有沖印店，讓人們可以洗印照片做為分享與展示。如今人們可以自行在家中列印彩色照片，更能隨時以手機傳送照片給親朋好友，這便是「去中間化」。

曾經，因為照片技術十分昂貴，也難以普及，多是明星或知名人士才能拍照。如今跨越社會階層，每個人都能隨時隨地照相，微信、臉書（Facebook）、Instagram 等軟體，更讓人們建立社群，以公布照片來分享生活點滴，這便是「去中心化」。最後，曾經只有像柯達這樣的公司可以生產相機，如今手機、平板電腦都把照相功能視為標準配備，蘋果、小米、三星這些非傳統相機業的企業，已掌握所有的市場占有率，這便是「去邊界化」。

資訊技術的發展，說明了：人們更快連接（去中間化）、供需分配更加效率化（去中心化）、產業邊界在冰消瓦解（去邊界化）中。上述趨勢都反應出學習「平台」概念的重要性。正如我們將在本書中所研討，平台概念的誕生便是為了面對這 3 大趨勢所帶來的商業環境變革。

寫作本書的目的，在於啟發企業正視網路效應的力量，採取平台商業模式，讓企業獲取通往未來道路的勇氣。

平台化轉型的必然趨勢

平台化轉型，是一個必須結合企業經營者的智慧、熱情和遠見，以及嚴謹的策略規畫、組織調整和文化重塑的一種系統過程。企業若能透過本書掌握每一個關鍵步驟，就能走上平台化轉型之路。

然而，想要轉型成功，除了領悟策略方法，更重要的是必須擁有敢於擁抱平台的「心態」。曾經身為手機領導品牌的諾基亞（NOKIA），就是因為缺乏轉向平台模式的心態而節節敗退，最終被微軟購併。

2007 年，諾基亞擁有全世界 49% 的手機市場占有率，堪稱全球最有價值的品牌之一，當時蘋果的市占率仍不到 3%。然而短短 4 年後，整個情況完全翻轉。這一次，是諾基亞的市場占有率僅剩 3%[5]。而且行動電話業務之後便遭微軟收購。諷刺的是，當 2011 年，諾基亞新上任的執行長史蒂芬‧埃洛普（Stephen Elop）在為所有員工進行激勵演講時，把公司所面對的困境比喻成「我們正站在一個燃燒的平台上[6]」，來闡述蘋果與 Google 所帶來的威脅。然而自始至終，諾基亞都沒有成功轉型為平台。

在針對諾基亞內部轉型的一篇研究中指出[7]，當初諾基亞就像一個僵化的帝國，由於高層喜怒無常，對組織變革施加極大壓力，蔓延於組織中的恐懼，使得中層管理者採取敷衍態度、盡做表面功夫，不僅個人自掃門前雪，甚至隱瞞真實狀況，最終導致企業面對轉變時全面失靈。威權僵化的層級制度、無法驅動人心的管理方法，才是失敗的真正主因。

諾基亞在全盛時期擁有近 6 萬名員工，光研發部門就遍布全球 26 個國家，為全世界輸出 2 億支手機，帶來 300 億歐元的收入。這些都是在諾

基亞一如既往的領導結構與組織文化下，所創下的傲人成績，然而面對新時代，過去輝煌的組織為何不能再造盛世榮景？

　　如果我們將諾基亞對比蘋果與 Google，情況便稍微明朗。蘋果重視軟體創新及平台生態圈的程度，遠遠大於諾基亞，因為軟體內容增進人與人之間的互動性，網路效應得以充分擴散。而即使諾基亞極端重視硬體，關注在通話品質、摔到地上不會壞，最終握在每個人手裡的只是一支獨立使用的手機，而非連接人與人在網路生活的行動工具。

　　同時，蘋果積極開發音樂商城 iTunes 與應用商城 App Store，吸引數十萬名軟體工程師、程式設計師，共同為蘋果系統開發創新、好玩的應用產品，滿足個人多元化需求，最終成為連結各種族群需求的平台。這體現出蘋果領導階層的遠見，準確的引導中層管理者與旗下工程師所相信的未來，以及團隊擁有極度向心力的成果。至於連硬體都沒生產的 Google，也因為擁有更為開放的文化，後來發展安卓（Android）作業系統，結合生態圈各方力量，成為行動電信業的領導平台。

　　反觀諾基亞，曾經引以為傲、充滿執行力的層級組織，加上在內部被上緊發條、施加壓力的員工，這樣的企業文化，在硬體製造、仿如工業時代的標準生產流程（SOP），雖有其優勢，但到了平台時代，卻成為阻礙組織發展的最大傷害。

　　因此本書除了解析平台化轉型的規則以外，也規畫了相當的篇幅來探討發展新世代的企業文明必須建立的軟實力，以避免企業重蹈柯達、諾基亞的覆轍。書中將列舉韓都衣舍、海爾等企業正在進行的組織架構創新，來窺視企業如何透過領導者心態的轉變，以達到各層級文化革新的效果，

邁入平台時代的轉型路徑。

最後，我們必須強調，以往像柯達、諾基亞這些大型企業出現轉型困境時，人們慣於把這些案例當成個案來研究。但，這其實只是海嘯來前的第一波浪，被擊倒的企業最明顯的標竿。

時代的改變就像是一張看不見的網，從金字塔的頂端覆蓋下來，擴散到文明的每個角落。時至今日，所有人都可以感覺到，每個產業、每個環節都在急速遭受變革的洗禮。

所以無論你是知名企業的主管、還是中小企業的負責人，都避不開這一波蔓延了數十年，正在全面侵襲人類商業文明的浪潮。這波新浪潮包括互聯網全面普及化、物聯網迅速擴張，以及人們對產品價值重新定義。而這些現象逐漸成為常態：產業資訊透明化，市場需求多元化，創新反覆運算速度快得難以想像，信用風險、庫存風險可被預測，不再被視為理所當然。同時消費者開始參與製作和研發流程，專家和業餘愛好者的界線不再明顯，所有產業的邊界都變得模糊。過往的一切，都將被重新定義。

我們正在駛入一個混沌而刺激的時代，而這一切只是開端。

重新定位平台化企業價值

平台商業模式的出現，準確的捕捉這些以往令人費解的現象，這些充滿不確定性的新時代特徵，並協助重塑企業價值。產品不再只是買低賣高，服務也不再只是滿足單向需求。企業必須一改過往的作風，打造出能

夠引爆人們原始驅動力的方法，改變人們的消費行為與生活節奏。而在獲利的同時，企業更可以築起強大的生態體系，為其連結的各方群體，提供更廣泛且深刻的體驗。

在過往的商業環境中，產業價值鏈是線性、單向的，就像一排工整行走的螞蟻。而你僅是當中的一隻螞蟻，跟著既定的秩序和步伐向前行，卻只能看到前面的那一隻，看不見整個隊形、起始點與終點。

平台化轉型則是將你抽離那條隊伍，帶你來到天空的高度，鳥瞰全局。你將了解產業的全貌與其演化的方向。本書不僅可以為你提供轉型的方向與啟示，更能幫助規畫進行平台轉型的藍圖。而貫穿整木書的所有章節，我們也討論以網路效應為核心的平台式企業，如何透過幫助相關成員的成長，透過協助多方共贏，來達到自我提升的目標。我們提供諸多案例做為參考，讓讀者能夠更具體了解，各行各業在這波浪潮中的應對方法。

企業需要轉型，便代表自身能提供的價值，已經與市場的核心需求背道而馳。透過理解平台化轉型的精髓，你將窺視到現代商業行為背後的真實驅動力，如此　來，便能找到局部或全面轉型的方針，重塑自身價值，再創事業顛峰。透過本書系統化的解說，你會發現這些方法遠比想像中的簡單且直觀，甚至會發現這股變革的浪潮對你而言並非阻力，而是轉機，也不再害怕未來，而是領略到平台化轉型確實有股讓人雀躍的魅力，幫助自己揚起船帆，破浪前進。

本書的章節架構組織如下：

第1章　企業為什麼要平台化轉型

許多傳統產業的痛點在於價值鏈過長，協同效率不高。整個產業過於強調標準化，而難以滿足個性化需求，以及專業化發展導致獨善其身、各自為政。我們提出利用「平台化轉型」來縮短產業鏈、帶來豐富性和多樣性以及進行跨界整合，藉以迎向「去中間化」、「去中心化」、「去邊界化」的趨勢。

第2章　平台化轉型的策略規畫

傳統企業進行轉型的第一步，是進行平台的策略規畫。在第二章中，我們將闡述如何解構產業價值鏈，從而設計平台策略。具體做法包括：分析價值鏈的痛點，找到產業裡最值得突破改革的點，以及如何決定該價值鏈中，必須「維持原狀」的環節。再來，如何「排除」價值鏈中的資訊屏蔽者、價值壟斷者、成本虛高者。最後，如何「引入」新的環節，輔助構成生態圈，帶動生態圈的整體升級。

第3章　平台化轉型的組織調整

釐清新平台與原有業務關係，及分析企業手中所掌握的資源，以此選擇可能的轉型方法。首先，我們發展新的平台業務和原有的業務是衝突，還是協同？再者，新的平台組織該依靠自己的內部力量，從零開始建造，還是依賴外界既有資源進行合作？而這兩個考慮因素，歸納成4種不同的轉型方式，分別為「轉舊為新」、「新舊並行」、「借助外力」與「投資觀望」。

第 4 章　平台化轉型的人才布局

　　我們探討如何在公司內部重塑價值體系與使命感，並且建立相應的平台人才發展機制。本章具體介紹文化價值觀的形塑、組織認同的確立、以及思維模式轉化等，3 種平台化轉型支柱的持續建設方法。讓人才變得更能綜觀全局、自主而跨界，最終實現帶領全員轉型的目標。

第 5 章　平台化轉型的未來趨勢

　　最後，我們針對商業模式、組織架構與文化價值，前述章節已深入探討過的主題，引出這 3 個層面的未來。希望讀者在看完本書後，可探索更多可延伸的領域。

　　總的來說，希望能藉由此書，提供讀者全面且有系統的思維架構及操作方法，協助企業進行組織全員的模式轉型、結構轉型及能力轉型。「轉型」不是企業領導層個人的權力與責任，而是組織內所有命運休戚與共的成員，應該共同參與的自我更新換代的過程。希望本書的內容，能對目前正處在轉型時期的企業提供一些方向與思考。

第 *1* 章

企業為什麼要
平台化轉型？

利用平台
解決傳統企業痛點

　　「痛點」一詞，最早是指需求方沒有被滿足的期望和要求。但是如今不只需求方有痛點，企業的永續經營也有痛點。企業像是一個有機體，不斷的演化進展，一時的成功並不難，難的是長久的卓越經營，能夠躍過一波又一波的創新浪頭，解決一個又一個時代新生的痛點。

　　處在傳統產業的企業有兩個痛點來源，分別來自於產業價值鏈布局及企業持續競爭力，分述如下：

　　產業價值鏈布局上的痛點：例如價值鏈過長增加無謂的溝通，導致貨品庫存和資金積壓；也可能因為上下游協作無序，互相擠壓，合作者素質低落而散亂；再加上長期的壟斷現象，導致產業缺乏活力與彈性，留給市場化運作的空間有限。價值鏈的結構失衡導致企業組織無力創新，想要改變卻被產業環境、上下游合作者及業內的壟斷者所限制，失去改變的契機。

　　企業持續競爭力的痛點：例如企業生產的產品不再受到市場歡迎，和消費者漸行漸遠；原來的得力幹部無法適應新環境，阻礙企業發展；也可能有

新競爭者進入市場，利潤空間受到擠壓；或者歷經鼎盛時期後產能過剩，無法與市場需求相配合；更具挑戰性的是，經營過程中需要延伸到新領域跨業經營，卻又疲於學習。競爭力的痛點讓企業或組織無法抵抗變化，以至於利潤漸失、地位不保，最終被時代淘汰。

　　總結來說，無論是價值鏈結構，還是企業本身經營方向，傳統企業主要面臨 3 大類的痛點，可以透過平台思維來帶動組織的轉型，從根本來解決問題。

痛點 1：產業價值鏈過長問題多

　　由產業的發展歷史來看，傳統產業的價值鏈構成大多是一環扣一環，有著較長的上下游結構，通常包括從採購、研發、生產、銷售、市場、物流，到售後等多個環節，企業只選擇在其中某一個環節進行專業化生產，上游做完交給下游，實現對最終消費者的價值。

　　資訊傳遞效率不高：無論是產品資訊要向下傳遞給消費者，還是採購資訊要向上傳遞給供應商，都要經過層層關卡。比如服裝零售產業包括人盤、中盤到零售商等多層通路商，彼此都會防範對方以其他管道直接接觸下游客戶；中古屋買賣則依賴仲介，而仲介也不會主動把資訊原原本本透露給買家和賣家。當然資訊傳遞的過程中常有所遺漏，或有被故意隱藏的問題。

　　反應速度慢：例如，新聞、媒體、出版等產業的問題，來自於價值鏈中上傳下達的審稿、批示、出版、運送、發行銷售的過程，其反應速度無法與

互聯網的新媒體、自媒體等，直接與觀眾及讀者相連接的數位媒體相抗衡。

溝通變得複雜：只要任何一個環節稍有遲滯或停頓，就會影響所有上下游的業者，例如整車製造廠商 _(註1) 的研發課題，包括要和發動機、電池、材料等不同廠商溝通，行銷方案要和傳統媒體、新媒體打交道，市場推廣要平衡 4S 店 _(註2) 和其他管道，每一個環節都要面對很多實體對象。

所以，**傳統產業平台化轉型的方向之一，就是利用平台商業模式來縮短產業鏈，透過「去中間化」，讓供需雙方直接對接、促使資訊自由流通。**

傳統的產業價值鏈是單向、直線式的，而平台商業模式卻運用雙邊市場思維彎曲了價值鏈，改變了位於傳統價值鏈上下游不同群體原有的角色與關係，簡化價值鏈流程，幫助交易終端進行媒合 _(見圖1-1)。在這個模式下，價值鏈的運作效率得以提升，這也是平台所提供最根本的價值。

圖 1-1　從直線式價值鏈至雙邊市場模式

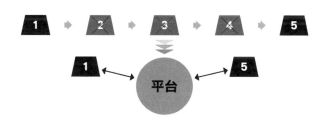

（註 1）整車製造廠商：由原廠委託代工，與不同的零組件廠合作，拿取零件整車製造的汽車組裝廠。

（註 2）4S 店：全稱為汽車銷售服務 4S 店（Automobile Sales Servicshop 4S），是集整車銷售（Sale）、零配件（Sparepart）、售後服務（Service）、資訊即時回應（Survey）四位一體的汽車銷售企業。

去中間化，平台讓供需雙方直接對接

平台的串聯效應不僅能夠打破隔閡，幫助供需雙方直接媒合，即時快速的撮合交易，還能夠幫助企業加強與消費者、供應商、合作者的多方面連接，形成一張巨大的平台網路，創造出共創共享的生態圈。

在此一生態圈中，可去除層層阻礙，資訊溝通變得暢通無阻，大幅降低交易成本，也加快溝通速度，讓雙方能碰撞出更多火花。對傳統產業而言，引用平台概念幫助轉型，其核心精神便是：平台轉變企業原有的內外連接機制與利益關係人互動和資源整合方式。

在傳統垂直模式中，企業往往透過低買高賣賺取價差與資訊的不對稱來獲利。而平台所做的恰恰相反，不僅不阻礙資訊的流通，反而極力促成供需雙方直接交換資訊，更加準確的進行媒合，促成交易。

例如叫車軟體平台，像是美國的 Uber，中國的「滴滴」，就是充分發揮「連接」效應，快速即時的撮合供需，迅速完成交易。乘客每提出一次叫車需求，就會被迅速發布並傳送至所有司機的手機上。在叫車平台上，一邊是隨時有叫車需求的乘客，另一邊連接的是成千上萬司機，把原來不可能被連接的雙方連接在一起，完成原本難以完成的交易，過程變得簡單而透明，同時降低成本。叫車平台上還有司機評分、地點選擇、加價等方式，進一步滿足差異化需求，盡力確保交易達成。一改傳統模式下，透過叫車中心找一家車行經營的有限空車，乘客叫車的資訊傳遞過程慢且效率欠佳，只能等待經過身邊的空車。

還有一個例子，台灣的新聞資訊聚合推播 App「Knowing 新聞」，集合各家媒體的新聞和資訊，只要透過這個入口，一般讀者就可以獲得豐富

的新聞資訊。創始人楊方儒指出，在這個資訊平台上，不僅新聞和資訊內容豐富，更聚集大量用戶、累積豐富的瀏覽率[1]。在讀者點擊後，平台會對使用者喜歡看什麼樣的內容進行大數據分析，進而將相關內容傳送給準確的讀者，不僅提升閱讀效率，避免浪費時間，更進一步量身打造讀者所需內容。這樣的新聞平台省去報刊、網站等傳統媒體層層關卡，像是記者寫稿、編輯審稿的過程，讓資訊快速流通，同時進行雙向互動，讀者的偏好也會直接影響到所看到的內容。

　　類似平台的例子，還有旅遊網站平台「去哪兒」，這是一個機票、飯店、旅行產品的比價平台，飯店、航空公司、旅行社及經銷商都可以在平台上直接與消費者溝通，當消費者在網站平台搜尋某條航線的機票時，包括航空公司、旅行社、機票代理等所有相關的旅遊產業供應商都會出現在系統裡，消費者可自由選擇低價質優的配套產品。航空公司和飯店也直接在平台上提供消費者促銷優惠，根據即時預定情況進行收益管理，供需雙方都有更多彈性空間。在以往，消費者要了解機票或飯店價格，都要經過產業價值鏈層層加碼，像是透過旅行社，航空公司和飯店也很難直接面對消費者進行促銷。商品及價格訊息透明化後，供需的匹配更為及時，商業也就更有活力。

　　房地產業的創新平台「房多多」，也是一例。房多多在平台上連接價值鏈上的眾多合作者，包括購屋者、賣屋者、開發商、地產仲介和經紀人，不僅涵蓋買賣雙方，也直接串聯仲介、房地產開發商等，讓消費者在網路上獲得房屋資訊後（甚至包括賣家的聯絡方式），還有專業的仲介和經紀人協助完成實地看屋，達成買賣雙方線上線下的撮合效應。

買房過程繁瑣複雜，除了要獲取房屋資訊，還要實地看房，進行多方比較，成交後仍有交屋過戶等手續，如果單純用電子商務形式把買屋和賣屋的供需雙方連接起來，即使房屋資訊透明化，還是無法快速成交。所以，要實現房地產產業的全面轉型，平台上還需要連接各種服務者，如仲介、經紀人、交易機構等。

痛點 2：過於強調標準化，缺乏差異性

標準化、大規模生產、生產線是 20 世紀商業社會發展的創新標誌，代表人類社會從手工業時代進入機器大生產時代。因此，大多數企業所累積的能力，都是為了標準化大規模生產而準備，雖然具有快速、低成本的優點，但很難為消費者量身訂製、進行個性化的生產。

時至今日，消費者變得越來越挑剔，他們想要獨一無二的產品來彰顯個性，表達生活態度，同時還希望能夠以便宜的價格獲得產品和服務。然而，傳統企業礙於標準化的生產和服務，不能滿足消費者個性化的需求。所以，**傳統企業的平台化轉型方向之二，就是利用平台商業模式帶來的豐富性和多樣性，幫助企業推翻大規模生產缺乏差異化的劣勢。**

在平台上，往往匯集數量眾多的群體，有的扮演需求方，有的扮演供應方，在這裡，我們稱之為平台的「邊」，能夠形成規模效應為對方提供多元的選項（見圖 1-2）。在傳統的垂直模式下，一個企業的生產、銷售能力再優秀，也只能提供有限的產品。但是在平台模式下，其生產、銷售、供給能

力是由其「邊」，即參與者所決定的，因此蘊藏巨大的社會潛力。

　　而且平台的規模越大、參與者越多，則平台上產生的服務和商品越豐富、數量越多、從而聚集更多想要得到多元產品或服務的參與者，刺激創新不斷產生。與垂直模式相較，平台商業模式的多樣性和差異化都獲得極大延伸。

圖 1-2　一張圖，認識平台架構

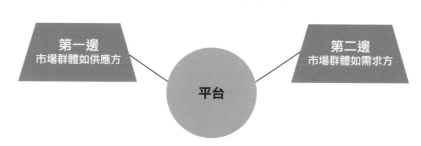

　　網路購物平台「淘寶」，便是平台帶來豐富多樣性的典型代表。在淘寶上，不僅涵蓋家常日用品，還有各種或巧思新潮、或珍奇難覓的商品，宣稱「只有想不到，沒有買不到」，顧客再也不用擔心為了買一件小眾商品而自己跑斷腿。

　　由於平台賦能授權給八百萬家的小商家，利用上萬種互聯網工具幫助這些個體戶、小商家，了解如何進貨、如何了解客戶需求、如何購買廣告、如何融資做促銷、如何售後服務等等，讓小商家像是分布在各行各業各級區域的神經元，偵測並滿足多元買家的各種獨特需求。

　　比方說手持的 3D 列印筆、可攜式的動物驗孕機、貼在窗上吸收太陽

能的手機充電器、漫畫電影《美國隊長》中的 1：1 原尺寸盾牌等等產品。在傳統零售業，如果有一家店鋪要準備這麼多種類的商品，光是商品和庫存管理都將會成為大難題。線上零售龍頭企業京東商城創辦人劉強東也認為，京東自營部分擅長的是標準化商品，非標準化的商品只能成立開放平台來操作[2]。

　　誰說開放平台的做法，只能出現在低價商品的銷售上？在台灣，有一家強調設計感的電商平台，對於獨特性的要求比淘寶還高，如果商品來自淘寶，還會被下架！這就是吸引了 40 萬會員的 Pinkoi 網站，匯聚兩萬多名設計師，提供源源不斷且獨一無二具有設計感的商品，保證商品只在此處有，在別家找不到。

平台實例

Pinkoi
兩萬多名設計師進駐，強調原創不複製

　　創立於 2011 年夏天的台灣設計網站 Pinkoi，網站上主要販售原創商品，主打獨特和新奇，這樣的訴求不僅獲得消費者認同，也願意付更多錢埋單。Pinkoi 網站的 3 位創辦人，有人曾在美國雅虎公司任職，也有人畢業於設計學院，這些背景都相當符合網站屬性。

　　Pinkoi 網站上的商品，不走傳統的大規模生產方式，講究特立獨行，必須要突出、有個性。為此，Pinkoi 從商業模式上動腦筋，引進平台，豐富網站上的設計師數量和風格類型。所謂「我為人人，人人為我」，如今 Pinkoi 平台上有兩萬多名設計師，創作並販售豐富、源源不斷

的商品。

相較以往的大規模生產模式中，由工廠負責生產商品販售，每家工廠雖有穩定風格，但因為設計師人數有限，即使商品的生產量大，創意卻也因此受限。可是在 Pinkoi 平台上，可能每一件商品對應的就是一個設計師，就是一種風格，使得商品種類更為豐富。

從零開始創業的 Pinkoi，並非一帆風順。創立初期，Pinkoi 創辦人每週都親自去拜訪設計師，溝通設計平台的理念，寄卡片、打電話進行問候，贏得設計師的好感和信任，才在最早期累積了 100 位設計師。

在日常營運中，Pinkoi 也視設計師為自己的核心競爭力，真心的扶助設計師發展。包括降低對抽成（約 10% 左右，僅為實體店鋪的五分之一至三分之一）；還撥出行銷費用協助設計師推廣產品，舉辦線下活動等，讓設計師與顧客直接面對面；也教導設計師如何幫產品拍照、包裝產品和運送服務等，全力輔助設計師在平台上進行售賣商品。

此外，Pinkoi 還成立專門的 4 人評審委員會，對網站上的創意、與商品品質進行把關，嚴守創意的高標準，如果不是原創，產品就會被下架。曾有一例，Pinkoi 發現賣家的商品來自淘寶，隨即立刻下架不得出售，這位賣家也從此成為拒絕往來戶。

去中心化，平台讓服務、商品更多樣

除了商品產業，台灣也出現許多類似美國 Y Combinator 這樣的育成中心，例如 AppWorks、AAMA、SmartM、Garage+，Taiwan Startup Stadium

等。在這些育成中心的平台上，包括新創公司及投資人，可以透過平台幫助新創公司找到合適的投資人和機構，並且提供法律、行政註冊、財務稅務等相關協助。

　　新創公司的種類相當多元，不論是互聯網的創新產業，或是經營實體店鋪，都可能獲得投資者青睞。而這些育成中心也各有專長：例如專注在「移動」與「物聯網」兩大領域的之初創投（AppWorks）每半年招收 30 個新創團隊進行輔導，至今已經輔導超過 275 支新創團隊、580 位創業者。台北搖籃計畫（AAMA）是由《數位時代》月刊社長陳素蘭負責，中華開發銀行亦參與其中，在資源方面較有優勢。台灣新創競技場（Taiwan Startup Stadium）則是想打造一個完善的社區，透過舉辦大型活動吸引市場關注，形成國際化的創新及創業社區。台灣紫牛創業協會則結合中國互聯網科技界的菁英，共同發掘台灣的創新機會。眾多的導師與創業公司聚集，充分落實了平台的豐富性。

　　美國群眾募資網站 Kickstarter，為有創意特色的微型專案進行市場測試和籌資，就是因為採用平台模式，而帶來專案的多樣性。在 2014 年，Kickstarter 共籌款超過 5 億美元，意味著平均每分鐘吸引超過 1,000 美元的投資，全年總共成功協助 2 萬 2,252 個專案募款成功[3]，遠超過任何一家天使投資企業歷年投資專案的總和。

　　在台灣，包括 Flying V、紅龜（RED TURTLE）、HWTrek（Hardware Trek）等新興的群眾募資平台，不僅關注商品的資金募集及應用，也關心社會民生、公益專案、硬體製造等領域。像是 Flying V，就曾經參與書籍、紀錄片的專案，甚至為支持進入奇點大學的葛如鈞募集學費[4]。而紅龜則是由

一群上班族所發起,為宜蘭偏鄉孩子們籌集營養午餐費[5],創業口號是「讓好事不斷發生」。

平台實例

Flying V
台灣最活躍,募資範圍多元

在台灣的群眾募資網站中,創立於 2011 年的 Flying V 算是領頭企業。在發展過程中,逐漸讓台灣民眾了解群眾募資的模式,截至 2016 年 5 月,已完成 1,500 多個專案,成功率近 50%,註冊會員數已超過 26 萬人,總募集金額超過 3 億 4,000 萬元[6]。

Flying V 結合一群富有創意、或者是想要改變世界、實現夢想的專案發起人,及一群同樣對世界好奇、充滿熱情的專案資助人,因此平台上的專案內容也十分多元有趣。例如「進擊的太白粉!」(Attack on Flour),這是一個募集路跑資金的專案。以往這些大型跑路活動需要資金、人手、宣傳等,都需要仰賴大型企業贊助。然而,平台的好處是吸引大多數民眾的關注,一旦遇到有趣的專案,就會願意贊助資金,同時在募資過程中,也完成市場行銷工作,甚至於招募志願者、設計路程等。如此一來,複雜的專案也可以由「素人」來完成,由於平台號召的集結力量,分散了複雜的工作。

再如「台灣醫療的最後一環:《南迴基金會》籌募計畫」的資金募集,是被稱為「超人醫生」的徐超斌醫師,為了募集資金支援醫療領域的弱勢群體而發起的專案。徐醫師在此一領域已經努力 10 多年,平台

給予他們曝光的機會，讓更多人關注到他們到底在做什麼。對於這樣公益性的專案而言，因為平台不會參與到具體營運，反而以第三方監督者的角色出現，所以資金流向和管理都十分透明且具可信度。在 Flying V 上，支持徐醫師專案的人甚至不求回報，僅為了做一件有意義的事。這種「即使資金到位，也還有很長的路要走」的專案，在一般講究商業回報的投資者中可能找不到機會，但是在平台上，募資目的與過程直接而透明，自然能聚集大批支持者。

當然，在 Flying V 平台上，也有比較偏向商業化運作的專案。像有一位設計者推出「筆箸 PenstiX」，這款環保筷從環保、實用、時尚的角度出發，由於設計感十足，在平台上發表，除了有規模效應，也有先發效應，也就是說，參與募款的支持者不僅能優先拿到創新產品，價格也較為優惠（約為原價的一半），吸引消費者踴躍投入。

對於 Flying V 的參與者和投資者而言，平台幫助他們跨越了原本看起來可能無法逾越的阻礙。

正因為平台的聚集效應，讓群眾募資平台上的專案內容更加豐富多樣。獨特的創意會獲得掌聲，專注於創新的投資者也能找到喜歡的專案。許多看似奇特的創意在平台上獲得了支持，許多看似平淡但受到消費者歡迎的專案，也能獲致成功。

在藝術、設計、時尚、電影、遊戲、音樂、食品、出版、技術等各個領域，每天都出現許多新點子最終獲得支持而完成投資。有越來越多專

案、不同的專案類型與範圍、累積龐大的資金，如滾雪球般越滾越大，讓許多平台上的專案貢獻者和資金贊助者摩拳擦掌、躍躍欲試。

由於平台能夠實現服務和產品的多樣性，對參與供需的雙方群體有正向循環作用，形成「跨邊網路效應」。所謂的跨邊網路效應，即一邊使用者的規模成長，也相對應影響另外一邊群體使用該平台所得到的效果，所以當提供產品或服務的「邊」越多，享受產品或服務的「邊」才會更多，反之亦然，形成正向循環。

除了跨邊網路效應，平台上也會有「同邊網路效應」，即當某一邊使用者規模增加時，會影響同一邊群體內其他使用者得到的效果，合作的態勢讓同業一起將市場做大。

所以，同邊和跨邊的網路效應，讓平台上提供服務或產品的「群體」（傳統意義下的供應方），以及享用服務或產品的「群體」（傳統意義下的需求方）都具有積極性，前者有主觀動力去滿足多樣化的需求，後者則有信心來平台上找到想要的服務或產品。

痛點 3：固守單一產業獨善其身、各自為政

傳統產業的獨立性很強，講求術業有專攻，即使是進行多角化經營的集團企業，各個事業部之間也保持相對獨立，專注於所在的產業。企業一般選擇深耕，累積深厚的經驗之後，才可能逐漸做大做強。對傳統產業的領導者來說，一方面覺得沒有跨業的必要，做好本業就好了，另一方面也

覺得隔行如隔山，跨業難度高。

　　但是市場形勢已悄然改變。過去，我們能很輕鬆的回答一個產品的用途是什麼，而如今，這個答案卻變得越趨複雜。手機不再只是通話工具，兼具照相、音樂、遊戲，甚至運動監控等諸多功能，變成行動的娛樂、工作中心。

　　以往，我們能很輕易的界定一個企業或組織屬於哪個產業，但如今，這個問題卻變得棘手。亞馬遜（Amazon）從商品銷售延伸到雲端計算的資料服務領域；Uber 從指派車輛發展至遞送快餐和冰淇淋的即時服務；華為公司從通訊設備製造跨界到汽車領域，與長安汽車、東風汽車等合作開發智慧汽車[7]；中國聯通集團從通訊營運商的角色延伸到知識分享領域，與百度文庫、百度知道等產品合作，分享內部累積的知識庫到外部[8]。

去邊界化，企業跨界整合

　　產業之間的邊界變得模糊，從事 A 產業的企業為了提供客戶更全面的解決方案，因而延伸到 B 產業中。企業面對的競爭對手不再只是來自產業內，更多是來自於產業外的「外來者」，他們帶著新思維、新模式入侵。消失的產業邊界，顛覆了領導企業原有領域的競爭優勢。

　　在這樣的背景下，傳統企業不能再只是「獨善其身」，它們無法固守在單一產業中，因為外來的挑戰者隨時會取而代之，顛覆其地位。

　　所以，**傳統產業轉型的方向之三，是利用平台商業模式進行跨界整合，以幫助傳統產業進行跨界，透過與其他產業整合，來發掘成長亮點，提供使用者整體解決方案。**

　　從這個角度來看,「小米」不再只是手機或數位產品的生產商,而是變身成為使用者生活的管理平台,透過與各產業協同機制,延伸到家庭娛樂、個人健康管理等多個領域,以滿足粉絲生活上的全面需求;同樣的,「騰訊」公司旗下的溝通軟體「微信」,不再只是溝通工具,而是社交生活平台,增添了娛樂、分享、態度表達等功能與場景,並且延伸到支付、商品購買等功能。

　　實體的購物中心如上海的 K11 中心不再是商場,而是商店、餐飲、博物館、文化場所的互動綜合平台。甚至在 K11 地下三樓,有一個常年舉辦展覽活動的空間,曾展出法國畫家印象派之父莫內的真跡、西班牙超現實主義畫家達利的創作等等,吸引大批人潮。這些例子顯示,當企業利用平台思維進行跨界轉型時,無論是產品本身,還是品牌、內涵、功能,都朝向更豐富的方向發展。

　　再如著名的蘋果公司,可謂跨界創新的鼻祖。1976 年成立之初,蘋果專門生產電腦,尤其是個人電腦產品曾經輝煌一時。2001 年蘋果用製造電腦產品的理念跨界到音樂播放產品,推出外觀精緻小巧、觸感極佳的iPod,友善的介面,搭配獨有的 iTunes 音樂商店平台,方便消費者可以下載單曲聆聽,甫推出就讓當時單純生產隨身聽、MP3 產品硬體的日本廠商索尼(SONY)、松下(Panasonic)等傳統公司黯然失色。

　　由於開發 iPod 所累積的經驗與基礎,蘋果在 2007 年發表第一支 iPhone手機,正式從音樂媒體領域跨界到智慧型手機通訊領域。iPhone 的多樣功能和時尚外型再次顛覆手機產業,蘋果在電腦、音樂媒體等領域所累積的知識,都被應用到手機上,諾基亞、摩托羅拉(Motorola)、愛立信(Ericsson)

等公司的傳統功能性手機相形見絀，被蘋果狠甩在身後。之後，蘋果繼續跨界，滲透到人們的家庭生活和個人生活中，iWatch 手表中有娛樂、運動等資訊的蒐集互動；智慧居家領域預計接入智慧照明、插座、溫控、感測器等設備；更有跡象顯示，蘋果正在研究新一代的智慧型汽車。

　　如果我們回到 20 世紀、70 年代蘋果誕生之初，難以想像一家電腦公司會跨界到如此寬廣的領域，也不會想到蘋果透過滿足消費者多元化的需求，成為一家市值曾突破 7,000 億美元[9]的跨國大企業。透過平台跨界的方式，蘋果的影響力已遠遠超過同期的競爭者，包括 IBM、王安、惠普、微軟等公司，成為科技產業的領先公司，更成為商業世界的標竿和品牌。

　　平台模式具有縮短產業鏈、帶來豐富和多樣性，以及幫助進行跨業整合等優點，吸引越來越多企業涉足平台模式，甚至一些長久以來以垂直模式運作的企業，也開始應用平台來逐漸的升級業務，擴大參與的領域。

　　比如京東，在大多數使用者眼中，其優勢業務在於銷售自營電器產品的電商管道。但是自 2010 年起，京東就啟動商家開放平台的做法，來豐富其產品與服務。到了 2014 年，「京東商城」的第三方業務已占全年交易額[10]（GWV）人民幣 2,602 億元中的 39%[11]。

　　除了商品零售，京東在金融、在地生活與智慧居家等服務領域，也積極嘗試平台模式。例如「京東眾籌」（群眾募資）平台連接創意提供者和支持者，讓創意與夢想能夠得到資金支持而實現，成為具體產品，更進一步商業化。又像是「京東到家」平台提供家庭生活服務，包括食品餐飲外賣、超市購物、鮮花、按摩等貨送到府服務，不僅連接了商家、還有提供快遞、物流服務的社會群體。至於提供快遞和物流服務的勞動力，除了京東

物流自有的網路和人員，還招募一般個人，將物流工作「外包」出去，即「京東眾包」，而物流人員更加充足後，也實現京東 1 小時內就可達成貨送到府的目標。

京東商城
平台化利器：群眾募資與眾包化

中國營收最高的電子商務公司，也是最大零售商京東商城，2014 年全年交易額達到人民幣 2,602 億元（約台幣 1 兆 2,750 億元）的規模。相較前一年（2013 年），交易規模成長了 107％，遠高於中國網路購物產業的平均 48.7％，以及 B2C（business to customer，企業對消費者的電子商務模式）產業 65.4％[12] 的成長水準。雖然市場對其獲利情況仍感到質疑，但無論是一般消費者或是華爾街的分析人士，均非常關心京東不斷演化的商業模式及影響。

仔細觀察京東現階段的業務，我們會悄然發現，平台模式比例不斷增加。除了開放給第三方賣家（2014 年，京東的第三方賣家已逾 6 萬家，交易額占比達 39％[13]），還推出京東眾籌、京東到家（O2O 生活服務）、京東眾包等多種平台的服務和模式。

京東眾籌與美國 Kickstarter 等群眾募資平台運作方式相似，在網站上連接商品專案與出資方。在平台上，由專案發起人描述商品及收益，讓感興趣的個人投資者投入資金，一旦籌集到足夠金額，專案便成立。群眾募資不僅是一種專案測試，更是有效的行銷和融資管道。京東眾籌

一推出，就因為京東商城累積的客戶基礎、在數位 3C（通訊、電腦、消費性電子產品）領域的領導地位、以及整合後續的推廣、行銷及銷售的能力，而獲得大量支持。

　　與其說這個平台核心功能是群眾募資，不如說是專案的育成中心。自 2014 年 7 月京東眾籌平台上線以來，一年內總募資金額超過人民幣 7 億元，人民幣百萬級的專案有 100 多個，人民幣千萬級的專案共 12 個[14]。根據《零壹財經網》的報告，2014 年，中國最大的 15 家群眾募資平台中，以京東募集的金額最多。京東搖身一變，從一個電商向價值鏈上游延伸成為產品育成平台，有創意的專案能夠直達客戶，而且其獨創性也遠高於京東銷售的標準化自營產品。

　　京東眾籌平台的發展帶來了更多創新、有差異化、多元的商品。京東的另外一個平台化的嘗試是「京東到家」。

　　多年來耕耘物流網路的京東，物流配送能力已經領先其他電商網站，甚至能在大多數地區做到當日或隔日送達，累積大量的路線規畫和配送經驗。

　　於是京東在 2015 年成立子公司「京東到家」，以平台的形式連接顧客與提供餐飲外賣、生鮮食品、家事服務（如洗衣）、藥品、鮮花等的商家。讓顧客即使「宅在家」，只要透過手機 App，就能找到附近幾公里範圍內的商家，下單獲得服務。這不僅意味著 O2O（Online to Offline，線上到線下）新商業模式的產生，更強調 O2O 領域的跨界整合。送外賣的同時，也能運送蔬菜水果、收送洗衣等等，比起單品項的外賣公司、或者生鮮網站，「京東到家」平台上的協同效應及整合能力要強得多。

2015 年 5 月，京東到家更進一步推出「京東眾包」，將快遞外包給外部的物流、快遞公司，甚至是個人。對於 O2O 到家的服務而言，送達時間是客戶滿意度的關鍵指標。人們想要吃外賣、買水果、買藥，那最好能夠在 1 小時，甚至半小時以內送貨上門，如果全然仰賴傳統自有的物流網路，對當時京東的壓力太大。

而「京東眾包」讓很多閒置的快遞員、快遞公司，甚至是一般個人，都能幫助京東快遞物品。2015 年 9 月，京東眾包擴展到 21 個城市，註冊用戶超過 10 萬人[15]。武漢一位家庭主婦利用閒暇時間送快遞，每日平均搶單 50 次，一個月收入逾人民幣 3,000 元[16]。

目前「京東到家」和「京東眾包」O2O 系列服務都採用點對點（end to end）的快遞，即一次遞送一個目標。這與京東傳統的商品快遞方式不同：過去是分層級的集中配送，同一條路線上的貨品集中在配送站，由快遞員逐一遞送。在集中配送的模式上，京東累積大量的規畫經驗，若將來這些經驗能被應用在 O2O 的快遞上，即在點對點的快遞進行路線協同和整合，一次快遞寄送多個目標，那京東到家的生活服務平台上，也許能夠遞送的東西更多、也更具時效。

京東眾多平台化的嘗試，為顧客帶來了豐富的商品與服務，提供更迅速的遞送，解決了顧客痛點。對於京東而言，平台化則帶來更廣闊的市場空間和企業格局。

總而言之，平台化模式讓價值鏈縮短，提供各種參與者直接面對面對

接，商業模式變得更加靈活，企業與外界的連接更廣、更即時、更順暢、成本更低。對消費者而言，平台化模式消除單一和無趣的標準化，讓平台上的服務和產品內容更多樣，做到共創、共享，全民參與的目標。對企業而言，平台化模式讓企業跨界協同，增加了共享和整體服務，形成規模效應，打造廣大的生態圈，為企業帶來整合與想像空間。

如果企業能夠趨向於「去中間化」、「去中心化」、「去邊界化」，來打造新興的平台化模式，則傳統產業就能順利解決痛點，重新出發，完成轉型。傳統企業進行平台化轉型，有 3 個關鍵步驟：

策略規畫——解構產業價值鏈，找到轉型切入點；

組織調整——釐清業務關係，選擇轉型途徑；

人才布局——重塑企業價值與文化，帶領全體轉型。

在本書的中後續章節，我們將具體描述這 3 個轉型步驟的思路與操作方法 (見圖 1-3)。

圖 1-3　平台化轉型 3 步驟

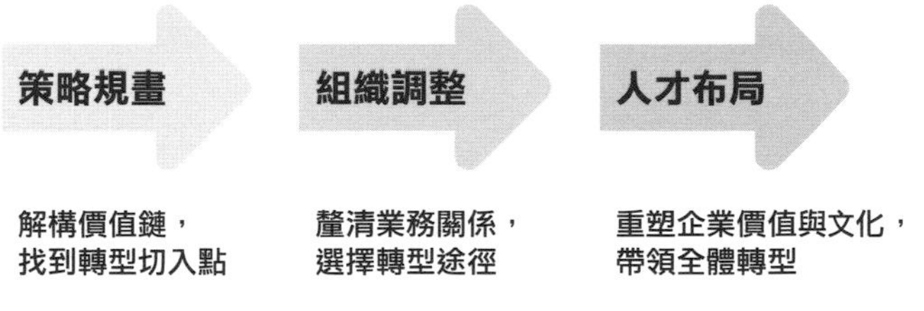

策略規畫	組織調整	人才布局
解構價值鏈，找到轉型切入點	釐清業務關係，選擇轉型途徑	重塑企業價值與文化，帶領全體轉型

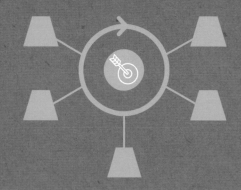

第 *2* 章
平台化轉型的
策略規畫

　　無論是在亞洲或其他國家，我們都已見證平台思維如何改造世界。平台思維的旋風，橫掃全球企業、機構，甚至整個產業的價值鏈，其中包括許多傳統企業，也開始嘗試用平台思維來創造價值，擁抱新趨勢，進而顛覆自身產業的傳統做法。

　　在音樂創作產業，KKBOX 支持正版，以堅持收費的做法，維護音樂創作的生態系統，讓每個環節的參與者都能獲得應有的收益，支持原創音樂。

　　在購物產業，富邦的 momo 購物網從電視購物起步，進一步突破開創了網路購物，結合電視和網路購物兩種模式和諧共生，發掘新商機。

　　在租車業，美國的 Uber、中國的滴滴出行、易到用車等平台型軟體，提供乘客即時發送用車資訊給附近所有提供載客服務的司機，包括計程車、出租車、自用車等，大幅降低空車率，並縮短乘客等車時間。

　　在支付產業，台灣的餐廳 POS 系統開發商「iCHEF」，引進手機支付功能，讓消費者可以直接用手機購物、付帳，與 Apple Pay 等一起改變支付形式。

　　在洗衣業，中國的榮昌從洗衣連鎖轉型為 e 袋洗平台，提供上門取送衣物服務，在接到訂單後，不僅下單給實體的加盟洗衣門市，也導流給產能閒置的其他品牌洗衣門市，一起加入 e 袋洗的洗衣網路。

　　在家事服務業，北京的「無憂保姆」讓雇主在平台上直接瀏覽家事服務人員資訊，並直接溝通互動，資訊完全透明化，給予雇主更多的選擇和自由空間，改變家事服務業在產業鏈上的利益分配。

　　在家電製造業，海爾用平台思維調整現有的組織架構，從過去的龐大事業部模式轉向更注重小團隊價值，以及更具彈性及靈活度的「微型平台模

式」，以「人人都能做 CEO」來調動員工的積極性與自主性。

在房地產業，「房多多」協助房產仲介變成優質、智慧服務的提供者，節省買賣雙方的搜尋與成交時間，而不是傳統為人所詬病「欺上瞞下」的資訊隱藏者，更能迅速帶動成屋和中古屋的交易。

在個人消費領域，企業開始引進 C2B（Consumer to Business，消費者引導商家）模式，由需求驅動供給。也就是說，過去的生鮮電商是商家把產品資訊直接放在網站上，但現在的生鮮網購流行自發「團購」，消費者可以自己申請組團購買水果，達到一定人數之後即成團，以亨受商家提供的低價折扣服務。

在 C2B 的模式中，市場以消費者需求為導向，由消費者引領工程師、設計師、採買團隊、創客（Maker，又稱自造者）等，找到新的商業模式、營運模式和產品來滿足個性化需求。若以傳統的商業行為角度來看，就稱為「以終為始」。也就是說，消費者直接觸及最前端的研發和設計，再進一步影響供應鏈、行銷等過程，改變最終所獲得的產品與服務，並改造產品開發的形式和過程。在這樣的模式下，更能凸顯消費者的重要性，並且滿足其需求。

上述產業都擁有傳統基因，並非我們想像中典型互聯網或高科技產業，但它們找到產業痛點，嘗試運用平台思維去更有效、迅速的解決問題。這些公司在解決痛點的過程中，並非單純將自己互聯網化，也不是只是將銷售過程搬到網路上，更進一步做到運用平台概念來轉換自己所能提供的價值，突破過去傳統產業的運行模式。

其實，平台思維不需要引進複雜技術，而是透過改變商業模式，加速

產業資源的流通與配置。企業繞開笨重而複雜的源頭，透過機制的設計來促成對產業價值鏈的改造，達到四兩撥千斤之效。企業從不同的角度出發，打破壟斷及限制，引進新商業模式和營運模式，建立自己的平台。

在這裡，我們必須意識到，轉型的方式有千萬種，但透過平台化的轉型模式，必然與產業重塑脫不了關係。如同上述的諸多例子，一個企業轉型的第一步，必須是能夠看見產業重塑之後的樣貌，也就是一種更高效率、更滿足供需平衡的產業願景。

在這樣的基礎上，企業透過評估自身資源，來決定自己未來的路。你可以決定成為重塑產業的操盤者，將整個產業鏈價值濃縮到自己的業態裡；或是僅參與其中一部分，和正在變化中的各夥伴廠商協同合作，提供部分價值。

解構產業價值鏈

　　所謂「解構」價值鏈，是指重新改造產業中的「價值創造」和「價值分配」過程，而重構價值創造與分配的關係，本身就是對產業的價值格局再創新。在解構價值鏈的過程當中，有對原有環節（能力）的提升、降低，也有對原有環節（能力）的排除或改造。

　　要搭建平台，首先就是要打破傳統價值鏈模式，重新設計。「解構」是對產業上下游進行梳理，找到其痛點和亮點，重新建立新的商業模式、秩序和營運方式。

　　在這個過程中，需要破除一些舊有規範，去除傳統價值鏈一些舊有的組織，並建立新規則，引入新資源。甚至必須義無反顧，剔除價值鏈中存在已久、但不再需要的環節，發揮洞察力去引進新內容 （見圖 2-1）。

　　所以，要確認平台該做些什麼之前，首先需要對既有價值鏈中的群體進行篩選，做出以下判斷：

圖 2-1　解構產業價值鏈示意圖

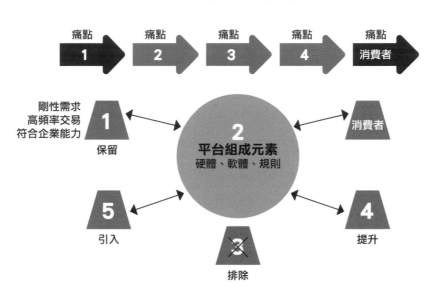

1. 哪些環節是新生態圈必須服務的主要對象？

　　平台的核心就在於透過審視價值鏈，分辨出未來創新生態圈中必須保留的環節（即無法排除的環節）。

　　通常這些環節是整個價值鏈中，在供需平衡時最不可或缺、最能產生價值的部分。舉例來說，像是可以直接產生利潤的部分，或無法抽離的消費過程，或供需雙方互動必備的條件。總之，如果少了這些環節，整個產業鏈將無法運行。以叫車平台為例，必須包含提供車輛服務、需要車輛服務的兩個群體。沒有車、司機或沒有乘客，便不足以構成整個價值鏈。

　　找到生態圈中必備的環節後，平台應該想辦法提升價值鏈上各方的能力，促動其積極性。例如在叫車平台搭建的生態圈裡，平台幫司機配備 GPS 定位、導航、里程計費、顧客關係維護系統等，提升司機自主經營的能力，讓司機不用開著空車盲目找乘客，而是把大部分時間花在服務客人、賺取收入上。

　　易到等叫車平台也與數個汽車品牌合作，在提倡環保叫車的同時，購入大批的油電混合新車款，也幫汽車品牌打廣告拓展知名度，以提升汽車品牌商參與平台的主動性，形成多方共贏局面。這些生態圈中價值創新的結果，皆是傳統計程車、商務車等交通產業裡不曾出現的。

　　若對這些無法抽離的環節排序，平台應慎選服務的主要利基市場及使用場景，一般而言，容易藉由服務引爆需求的利基市場及使用場景具備以下特徵：

　　1. 剛性需求：相對於彈性需求，指對於現有產品或服務既迴避不了，也無法解決需求的痛點；

　　2. 高頻率交易：經常性的需求、時時需要回到平台找尋解決方案的痛點；

　　3. 符合企業能力：由該企業來發展平台最適合，最能為生態圈提供價值、也最具備核心競爭力。

　　台灣 O2O 生活類的市場發展至今，最熱門的當屬美食評論與叫車應用平台。而「食」與「行」這兩個場景，最符合剛性需求、高頻率交易的特徵。

　　以對餐廳及美食進行評論的平台愛評網（iPeen）為例，主要對象是年輕上班族、學生等外食頻率較高的族群，他們也可能同時是出門坐計程車頻率高的族群。例如大眾點評創始團隊中的張濤，成長於上海，又在國外

獲得 MBA 學位，他從上海開始發展小資階層喜愛的美食評論服務，也符合團隊成員本身具備的背景與能力。

還有一個例子是 EZTABLE（簡單桌），主打為消費者提供餐廳訂位的服務，以五星級飯店為切入點後逐漸發展壯大。

透過這樣的平台，不僅為餐廳提供更多客源，還有助於形成特定的消費族群和獨特定位的商家，形成「圈子」，餐廳獲得穩定收入，且維持相應的品牌形象，而顧客則獲得了方便和折扣。而且在這個「圈子」中時間久了，平台也從第三方的專業角度提供餐廳經營建議。

平台實例

EZTABLE
以五星級飯店為切入點

相較於豪華高級的五星級飯店，初創公司 EZTABLE 完全是個小兵，但是，小兵也可以有大能量。

EZTABLE 的商業模式與美國的訂餐網站 Open Table 類似，是連接餐廳與顧客的平台。在平台上幫助顧客訂位，幫助餐廳獲得客源。這個模式說來吸引力十足，因為平台雙方都能獲益而都有動力使用這項服務，但是操作起來並不容易。

一開始，做為新創公司的平台一無所有，為何能夠和大飯店的餐廳合作？

在 EZTABLE 創業初期，創辦人陳翰林騎著機車跑遍大街小巷，每天打 100 通電話向餐廳老闆推薦自己的訂餐業務，並未受到青睞。在餐廳

老闆眼裡，已經可以電話訂位，為什麼還要用網路訂位？

　　直到 2008 年，金融海嘯過後的時機，成為 EZTABLE 的經營轉捩點。當時五星級飯店的生意一落千丈，偌大的餐廳經常坐不滿，浪費人力和租金。而五星級飯店因為高級豪華，員工薪資高，所以固定成本和變動成本都特別高，短期調整不易，急需拓展客源。這些飯店面臨最大的課題：如何提升餐廳的入座率並且吸引更多新顧客？

　　起初，EZTABLE 與喜來登飯店合作，在網站上花費極大心思介紹相關的飯店和餐飲，進行市場宣傳推廣，設計相關活動，連網站的結帳流程等方面也完全配合餐廳需求。另外，還延伸其他服務，包括代客訂位並同時販賣餐券。陳翰林還親自到廚房了解作業流程，幫助喜來登推出網路預訂的限定版蛋糕，而這款蛋糕在推出半年內賣了近千個。

　　一戰成名後，EZTABLE 從此一帆風順。對餐廳而言，了解這個平台能夠帶來客源、幫助他們改進服務，加上平台上主打「高級餐廳」的訴求，還能藉此奠定餐廳的「高端形象」。EZTABLE 逐漸奠定「中高端餐廳訂餐平台」的品牌形象，平台上也增加越來越多的餐廳。

　　舉例來說，在與西華飯店的合作中，賣點是精品服務和訂位，由此獨樹一幟。至今除了喜來登、西華，還有遠企、亞都麗緻等五星級飯店都參與平台，另外還有全台灣 390 家餐廳，都與 EZTABLE 合作，並提供獨家折扣餐券。相對的，當顧客發現在一個訂餐平台上能夠有這麼豐富的選擇後，會員數量也越來越多。平台的兩邊開始良性循環，互相促進成長。

　　因為選擇了合適的切入點，清楚定位，在創業兩年的時間內，EZTABLE 就損益平衡，每個月現金流 2,000 萬元[1]。到 2014 年底，更

獲得 1 億 6,000 萬元資金挹注[2]。

2. 哪些環節是新生態圈中可排除的？

平台必須繞過產業內的壟斷者、資訊屏蔽者、成本虛高者，排除障礙，帶動產業改革轉型。

事實上，這正是平台最能發揮價值之處，透過排除障礙和累贅來達成產業革新。例如「58 同城」、「百姓網」等城市資訊交流網站，去除資訊的不對稱，讓房地產、人力資源資訊透明化，買賣雙方可以直接獲得彼此資訊。

許多 O2O 到府服務平台（如上門收衣的 e 袋洗、美甲師到家的河狸家、按摩師到家的點到），讓提供服務者省下高額的店面租金，也提供客戶免出門就能享受到府服務；淘寶網上的農產品銷售，也擺脫層層供應商，直接提供農產品給城市消費者，不僅讓消費者享受到低廉價格，也提高農民收入。

3. 哪些環節該被引進新生態圈？

為了創造未來的創新生態圈，平台還需要引進新環節。這往往代表平台的創新方向和無可取代的價值，甚至還可以建立競爭門檻。

要引進價值鏈的，可能是一些代表技術創新的「邊」。例如商務租車平

台引進新的技術合作者，率先使用電動汽車、自動導航等服務；行動醫療平台增加遠端醫療、快速試劑檢測等功能；智慧家庭平台導入具有環境品質測量技術的公司或團隊，對家庭中的空氣品質、溫度、濕度和光照強度等進行測量與優化。

總結來說，要打破既有的垂直價值鏈有以下 3 個步驟：

保：抓住核心，凸顯價值，傳承產業原始的供需本質。

斷：先破後立，重塑價值體系，去除低效率環節，找到轉型的突破口。

增：引入新環節突破瓶頸，帶入新型解決方案，發掘價值創新。

透過「保、斷、增」3 個步驟，可以再次審視產業價值鏈，並幫助轉型的企業找到解構現有價值鏈的方法。

舉例來說，2011 年成立，提供線上醫療平台服務的「春雨掌上醫生」，避開「中介者」醫院，讓醫生和病患直接交流，改變傳統醫療價值鏈中「價值創造」和「價值分配」的慣性。自成立以來，歷經數次的縮編與擴張，不斷針對產業價值鏈進行解構，並找到獨特的優勢定位，形成一套自成體系的平台化策略。

「保」：抓住核心。春雨初期所打造的平台邊界，是圍繞著醫生與病患而展開，因為在看病救人的價值鏈中，醫生和病患是不可或缺的服務供需方。無論平台如何創新，都離不開這兩群核心對象的參與。

而春雨採取的方式，是讓病人先對自己的病況進行診斷，提升對自身病情的了解，也幫助醫生與病患事前溝通，讓醫生更了解病人情況，提升醫病雙方的互動性。此外，為了更進一步管控醫生的服務品質，更要求醫生在註冊時提供執業證、工作證、醫院聘書等確保真實可信度[3]。

「**斷**」：**重塑價值體系**。春雨平台降低部分實體醫院運作效率不高的弊病，讓病患和醫生的交流更為直接、順暢且簡單。

「**增**」：**引入新環節**。為了讓醫病之間互動更加方便且延伸價值，春雨在平台上加入電話溝通、智慧傳輸感知設備（如智慧體溫計自動導入體溫資料）、藥品推薦等環節，提升個人化醫療的可能。

為了加強平台的差異化，春雨在經營一年多後，先對平台的邊界進行縮編，避開病人必須到實體醫院才能診療的科別，集中精力發展如健康管理、母嬰、婦科、泌尿、皮膚等科別。

此舉讓春雨開始關注到缺乏醫療資源的三、四線城市用戶，也更清楚看到自己的價值定位：不在平台上解決所有病痛，而是在平台上促進溝通，打造醫生個人品牌，輔助醫院治療，將解決病痛的過程變得更順暢。

目前中國醫療產業的改革正處於一個微妙階段，因為市場大、痛點多，所以百家爭鳴，又因為監管嚴格、醫生資源有限、醫病矛盾日增，造成眾多醫療創業的氛圍風聲鶴唳、危機重重。除了阿里巴巴、百度、平安、騰訊等龍頭公司的參與，也有專業的醫病平台如掛號網、丁香園、好大夫、春雨、杏仁醫生、青蘋果等公司。

醫療產業創業的特殊之處在於，企業是在整體資源相對短缺及分配不均的前提下，以資源協調者的角色出現，希望能夠撼動醫療產業改革，讓醫病雙方都獲得更好的服務和體驗。

各個醫療平台的切入點不盡相同，對價值鏈的解構方法也有所差異。如丁香園擁有醫生資源，圍繞著醫生的研究、診療、同行交流、醫藥企業交流進行價值鏈的重新塑造；百度醫生、掛號網等，則關注掛號資源和預約

服務；有的鎖定醫生和病患在醫院以外的連接，比如春雨、好大夫、青蘋果（這幾家的策略重點還各有不同）等。先弄清楚平台的服務對象和策略方向，成功關鍵是找準平台上的「邊」之價值定位，做好媒合。

平台實例

春雨掌上醫生
全面顛覆並解構醫療產業價值鏈

中國的醫療產業價值鏈主要由醫療服務的提供者（醫院和醫生），支付者（個人、社會保險、商業保險等），藥品生產和流通者及監管者組成。因此，醫療產業的創業者在審視價值鏈的組成過程中，必須先確定平台的核心是什麼，需要移除什麼，以及引進哪些新環節 (見圖 2-2)。

圖 2-2　中國醫療產業價值鏈

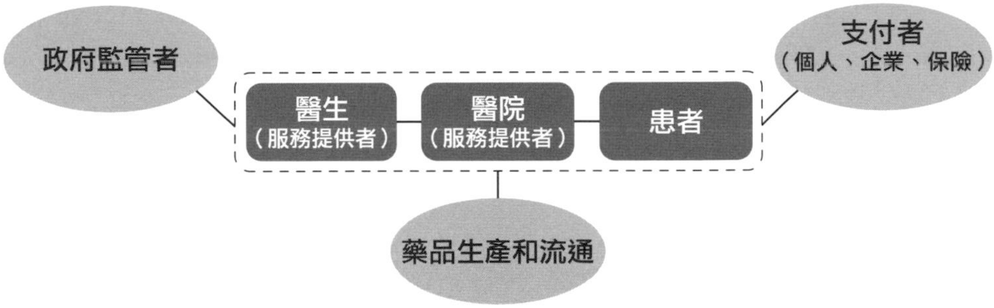

第 1 步：降低、去除醫院環節，看病不用上醫院

春雨的營運出發點，在於讓患者不用上醫院，也能聯繫醫生，並獲

得服務資訊，所以初期的架構較為簡單，在醫院、醫生與患者的價值鏈中，平台移除了「醫院」這個環節，直接連接醫生和患者這兩「邊」核心的元素。按照春雨的規畫，所有不需要在醫院完成的溝通，都可以在平台上實現。所以，春雨平台上涵蓋所有主要的科別，主打「輕問診」模式 (見圖 2-3)。

圖 2-3　春雨醫生平台架構

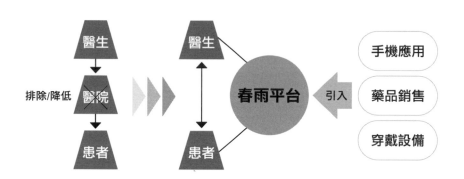

接下來，春雨開始關注開拓中國的三、四線城市，這些城市因地方醫院效率不彰、品質欠佳，而導致重要性更為降低，甚至可能被病患捨棄。但透過春雨平台上的諮詢服務，讓三、四線地區的患者可與最著名的三甲 (註1) 醫院的醫生對話，反而在此凸顯了線上諮詢的重要性。

（註1）三甲醫院：三級甲等醫院之簡稱，是中國對醫院按照「醫院分級管理辦法」實施「三級九等」的等級劃分中最高等級的醫院。二甲醫院屬於第二級，範圍包括一般市、縣醫院及省轄市的區級醫院，以及相當規模的工礦、企事業單位的職工醫院。

第 2 步：減少部分科別的服務，重新定位平台

在平台發展不到一年的時間，春雨的營運團隊發現必須針對不同的科別進行不同安排。在心血管科、骨科、神經科等科別，病患的情況非常複雜，治療過程往往涉及到手術，非但無法三言兩語在網路上講清楚，上網隨意諮詢還可能釀成風險。原來設想的線上溝通平台，並沒有創造很大價值。

反而是兒科、婦產科、皮膚科、泌尿科這些科別的患者，一般症狀輕、治療簡單，但診斷過程醫病需要大量溝通。因此，這些科別的註冊醫生數量、問題回答數量和用戶活躍度都高於其他科別[4]，甚至可能產生更大量的諮詢需求。

於是，春雨對自身所提供的價值動刀，剔除部分科別的服務，從原來全科別定位的平台，轉為「個人健康諮詢」加「診前問診」的平台。專注在更為簡單、常見、需要諮詢的病症，包括健康管理、母嬰、婦科、泌尿、皮膚等重點科別，變得更接地氣。

透過不斷剔除價值鏈上不需要的環節，春雨不斷的在找尋核心競爭力和發展方向，加強平台本身定位。

第 3 步：引入藥品買賣服務，App 導引銷售

2014 年 9 月，春雨開始擴張平台邊界，和「好藥師」、「老百姓」等多家藥店合作，引入藥品買賣服務，直接為平台帶來收入。當時春雨的活躍用戶已超過 3,000 萬，註冊的二甲級別以上的醫生有 4 萬名，每日諮詢數量超過 5 萬，其中，有近 65％的用戶會得到藥品方面的指點，

並可能產生購藥需求[5]。當醫生開出藥品購買建議後，用戶可以選擇點擊藥品，春雨 App 會把客戶導引至合作的網路藥店進行購買。

春雨將平台的邊界擴展為：連接醫生、患者、藥品零售三邊的平台，提供醫療諮詢，同時拓展藥品銷售，特別是 OTC（非處方藥）的銷售。

第 4 步：強化醫生個人品牌，引進私人醫生概念

2015 年中，春雨開始「實體線下診所」服務，計畫在北京、上海、廣州、杭州、武漢等 5 個城市開設診所[6]，截至 2015 年 10 月，已有154 家診所開始營運[7]。春雨除了直接開設診所，更與現有診所合作，比如吸收加盟醫院成為春雨的診所，或幫助社區醫院託管診所。當春雨收到諮詢和看病需求時，再分配給線下的實體診所和醫生。

春雨推出線下診所的目的有二：其一是強化醫生個人品牌，這些醫生也可能在春雨診所以外的三甲醫院看診，利用空閒時間在春雨平台上進行面對面問診。初期醫生並非在診所內全職看診，而是彈性的利用時間抽空進行當面診療。此策略變化並非重新引進醫院這個價值鏈的環節，而是在醫病直接溝通的基礎上，再把病人導流到實體，完成少部分無法線上完成的醫療服務，進一步強化醫生個人品牌，加強醫生和病患的關係連接。另一個目的則是透過線下診所，引進「私人醫生」的概念，增加醫生和病患一對一互動的黏著度，讓醫生能夠線上、線下多管道服務病患。

從春雨的幾次策略改變中，我們明顯的看到它如何打破價值鏈，然後又加入新的元素，重新組合價值鏈的過程。

另一個解構價值鏈的案例，是平台策略在互聯網金融產業的應用。

不同於傳統金融產業，中國的互聯網金融平台（如 P2P 借貸平台、群眾募資平台等）去除銀行、擔保公司、信託公司等中間商和金融機構，讓平台的兩邊群體：借入者（需要資金的個人和企業）以及借出者（能夠提供資金的個人和企業），直接透過平台溝通。透過打破傳統框架，讓價值鏈兩端的雙方直接連結，促使金融產品的數量變得豐富多元，資訊也變得更加透明。

互聯網金融創新之所以獲得社會關注、平台大量上線、交易金額一再走高，是因為此一模式重組價值鏈，移除原來的中間金融機構，改善傳統金融產業中資訊不對稱等問題。

在傳統的借貸模式中，雙方無法直接對接，資訊極不透明。在借入方，只有銀行這樣的大機構，才擁有足夠的資源和資訊，可以對貸方進行授信品質和風險評估。在借出方，受限於政策法規，在實際操作中，一般的借出者有資金想要投資出借，但也很難跳開金融仲介機構。由於規模太小，資金借出者根本無法直接參與借貸交易市場，無法直接了解借款者的風險、無法得知借款者在哪裡，都必須透過中間的金融機構，才能把錢投資出去。

在資訊不對稱的情況下，大多數小額借出者的投資管道有限，比如很多白領、退休族或是剛畢業的學生，手上可能只有數千至數萬元的閒置資金想要投資出借，以往基於風險考量，只能投資報酬率較低的理財產品。然而，市場中仍有大量想要付出更高利率來獲得這筆借款的人，因為其風險無法被投資人評估，或無法通過正規管道接觸到借出者，以致無法獲得這筆資金。

　　傳統銀行等金融機構徵信方式曠日廢時，必須登門拜訪以獲取客戶的成本高昂，因此，把開拓借貸客戶及徵信體系，視為自身的獨門武器與核心競爭優勢。相較之下，新興的網路平台利用新技術和新思維，去搜集用戶日常生活中累積的大量行為資料，轉換為信用標準，能夠提供快速、即時判定借貸決策的方法。同時透過讓利方式，吸引借貸雙方直接接入平台，投資方可自行利用公開的信用資訊做為借貸決策，提升主動性，打通服務的瓶頸，使得借貸流程更有效率。

　　傳統銀行的服務瓶頸，導致中小企業缺錢卻無處可借，許多人有錢卻缺乏投資管道，而互聯網金融的借貸平台，透過重組價值鏈，去除中間的仲介角色，解決雙方不互通的問題，不僅降低銀行、證券等金融機構扮演中間角色的重要性，同時因為大數據（Big Data）等科技輔助，帶來更多樣的互聯網金融模式。

　　互聯網金融產業的創新者，除了平安集團等傳統金融機構，也包括一些新生的平台企業，例如網路小貸金融平台如「拍拍貸」、「積木盒子」、「宜信宜人貸」等。每家公司解構價值鏈的方法各有不同，有的平台涉足金融產品的設計和擔保，以產品著稱；有的平台則完全不涉及具體的產品或業務，只是提供借貸雙方一個交流平台，藉此成為金融產品商城。

平台實例

互聯網金融
跳脫中間機構，借貸雙方直接對接

　　中國的互聯網金融產業中，小額群眾募資平台的借貸模式移除了中

間機構，讓借貸雙方直接面對彼此，在一定程度上被視為顛覆傳統金融
產業，解構既定價值鏈，也大大緩解「資訊不對稱」的情況。透過削減
價值鏈流程中服務的瓶頸，每個人都可以成為信用的使用者和決策者。
同時，互聯網金融公司也降低交易門檻、分散風險，並加速流程(見圖 2-4)。

圖 2-4　互聯網金融平台價值鏈

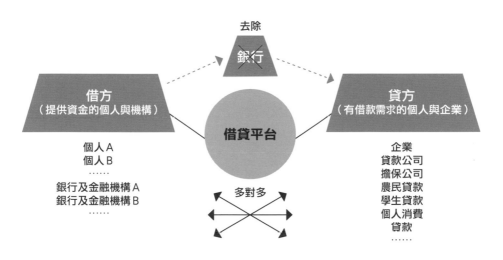

　　如今市場中較為主流的互聯網金融平台，都具有打破傳統金融價值
鏈的基因。如拍拍貸、陸金所、宜信宜人貸、融 360、紅嶺創投、積木
盒子、有利網[8] 等。不同的小額貸款公司根據各自背景及優勢，從不同環
節去打破傳統金融產業的價值鏈，建立起金融產業的創新平台模式。

　　純平台連接模式：以拍拍貸為例，連接資金的借貸雙方直接進行資
訊交互與溝通，本身不提供擔保，是一種純平台的模式。

微型企業服務模式：以紅嶺創投為例，連接數量眾多需要借款的微型企業。平台不僅幫助微型企業融資，對其進行投資，而且扶植並幫助微型企業的發展，形成「微型信貸＋育成＋投資」的模式。這樣的平台解決了微型企業、自營商在融資上的困難，並提供一整套早期企業專案所需的服務。

產品平台模式：以融 360 為例，與前兩者不同，平台連接的不是直接提供資金的借出者或企業，而是間接的資金借出者，即各種金融機構。在平台上能查詢所有金融機構提供（如銀行）的貸款產品資訊，所以更像是一個貸款產品的大商場。

貸款公司模式：以有利網為例，平台上連接的並不是直接需要資金的個人或企業，而是一些大型的貸款公司和擔保公司。這使得公司需要面對的平台對象變得少而精，提升營運效率與管理能力，但是要發展貸款公司和擔保公司客戶的難度遠大於零散的借款人。

綜合模式：以陸金所為例，擁有中國平安保險集團(註2)的雄厚背景，具金融產品設計能力優勢，所以其模式更為綜合及靈活。除了直接連接借貸雙方，平安集團也是金融機構，能在這個平台上提供自營的金融產品及服務，籌集資金。

互聯網借貸群眾募資平台移除中間的服務瓶頸，可以帶來以下顯著的優勢：

（註 2）中國平安保險（集團）：1988 年成立於深圳，是中國第一家以保險為核心的金融業，營業範圍橫跨保險、銀行、信託、證券、資產管理、企業年金等金融業務，並成立陸金所，發展 P2P 互聯網金融業務，成為虛實整合之綜合金融服務集團。

　　降低交易門檻，靈活方便：以拍拍貸[9]為例，無論是借出或借入資金，產品設計十分靈活，注重使用平台的規模效應，降低交易門檻。

　　在拍拍貸平台上，借入者借款的金額從人民幣 3,000 元到人民幣 50 萬元不等，還能自行擬定貸款利率，年利率從 8％至 24％不等。對於借出者而言，投資門檻也很低，最低的投資金額僅為人民幣 50 元。舉例來說，一個人如果想要借款 1 萬元，可能有 200 個人參與借給他，每個人只需要借出 50 元即可。

　　拍拍貸針對不同職業的用戶提供不同借款產品，例如莘莘學子、網購達人、微型企業企業主、網商用戶（網店賣家）等多種借款方案，額度、利率和所需資料都不盡相同。例如大學生想要借款，可以選擇「莘莘學子」方案，提供學生證、父母的聯繫方式、進行學籍認定後，最低可以借款人民幣 1,000 元，這種借款方案在傳統金融機構裡根本不可行；而淘寶店家想要借款，則是提供淘寶的交易明細、淘寶信用訂單截圖、參加淘寶宣傳活動等證明即可。

　　降低交易風險，協助進行微信：拍拍貸自己開發了一套「魔鏡等級」的風險評估系統，針對每一筆借款，都會給一個從 AAA 到 F 的等級評定。借款人發布借款需求時需要提交各種證明，比如居住證明（銀行對帳單、公用事業繳費單、房地產證明、戶口名簿）、收入證明（銀行徵信紀錄、交易流水或銀行存摺）等相關資料來證明自己的還款能力。

　　增加過程透明度，增強信心：拍拍貸大多數借款人都是每月還款，借出者可以每個月都獲得利息，同時掌握還款進度。拍拍貸還提供一款「應收安全標」產品，借出者可以瀏覽借款人的借款進度（即還有哪些人

也提供借款）、還款情況，增加整個過程的透明度，增強借款者信心。

　　總而言之，可透過多方研究而實現解構垂直價值鏈的概念。事實上，多數傳統企業家對於自身產業都有相當透徹的理解，只要花精力思考，必能找到重塑產業價值的方法。接下來，我們將探討如何具體建構轉型所需的平台。

第 2 節

建構平台商業模式

　　平台化轉型的建構方法，是利用平台重新設計「價值創造」與「價值分配」的結構，誘發網路效應來加值消費效益。在這樣的思考模式下，我們採用「直接連結」、「激發多元」、「協同整合」等 3 大做法，對傳統產業進行改造。

直接連結：讓供需雙方對接

　　傳統產業要平台化轉型的第一個方向，是透過建立平台去除不必要的中間環節，創造更多的直接連結，提升價值鏈的運作效率，帶來生態圈的整體價值。「直接連結」是最典型和直接的平台轉型模式，也是大家了解最多的平台商業模式。將價值鏈進行彎曲，讓處於最源頭的供需雙方直接溝通媒合，去除不再帶來價值的中間環節，就是這個方法的核心。

具體的方法包括：去除資訊屏蔽者、削減服務瓶頸和削除成本虛高者。

方法 1. 去除中間屏蔽者，讓資訊透明化

很多傳統產業的價值鏈過於冗長，就是因為有很多環節的參與者，是通過壟斷資訊、「欺上瞞下」而獲利。而平台的使命，就在於將一些多餘的中間環節因素踢出局外，去除資訊的屏蔽者。

像是傳統的家事服務業，仲介不會主動提供家事服務人員的資訊，雇主無從篩選。在這樣資訊不透明的情況下，才會有溢價和價格虛高的空間。但是部分家事服務平台的出現，例如：「無憂保姆」便讓家事服務人員和雇主直接面對面，雇主可以透過手機 App 瀏覽所有服務人員的資料、資歷和特長、優勢等，除了價格變得更透明，也提升雇主和家事服務人員的配對效率。

方法 2. 減少影響服務的關卡，讓產銷效率更高

某些產業由於歷史背景的因素，服務端點多，存在著很多中間環節，並且在過去的生態圈扮演重要角色，但因為固定思考模式或缺乏競爭的關係，並未與時俱進，最終變成產業創新瓶頸，這些環節在價值鏈裡獲取的巨大利益，卻成為創新阻礙。平台的出現，就是利用新技術、新思考模式來打破歷史累積造成的價值鏈瓶頸，使得服務流程更加順暢且具高效率。

例如，中國的服裝零售市場，每一層經銷商、大中盤商、零售店鋪層層分工，增加了資訊與服務的關卡，長久以來便形成非常長的資訊傳遞鏈。通常都是服裝公司先製作生產服裝，再通過訂貨批發給經銷商、分銷

商，最後批貨到零售店鋪銷售給顧客。這個過程不僅增加成本，還增加生產廠家庫存管理和商品調貨的難度，也不利於企業直接了解消費者意向。

如今，服裝業的轉型方式，大多會選擇在天貓、京東等平台直接開設店鋪，透過微信服務來與顧客溝通，去除不必要的資訊傳遞者，減少服務的瓶頸，讓消費者和生產商直接媒合，使得銷售和生產都更有效率。

方法 3. 捨去高成本因素，為價值鏈各方加值

原有的產業價值鏈中，往往包含成本過高的問題，當平台上的供需直接對接後，將有助於降低一些產業成本。例如，美容、按摩等行業，必須提供服務場所，一般都會選在交通便利的市中心，需要豪華的裝潢給予客戶好感，可想而知，租金和維護成本不菲。

對消費者而言，在美容院享受服務固然是一種享受，但如果換個環境，待在自己家中享受服務，更能感到舒適安心。所以，一些創業者打造平台，去掉服務場所這個成本極高的因素，讓美容師、按摩師、美甲師等直接到客戶家中提供服務，如河狸家、功夫熊、小妹到家、廚帥到家等。

無憂保姆網是一個專門提供家事服務的平台，透過資訊技術去除仲介，重組產業價值鏈，讓雇主和家事服務人員直接對接，進而減少雙方的仲介支出，增加資訊的透明度。

無憂保姆
剔除仲介環節，讓服務人員資訊透明化

提供家事服務的平台「無憂保姆網」，特點是將家事服務人員的資料全部上線，將資料透明化，提供雇主瀏覽，並直接在平台上進行溝通，最終達成派遣協定。

在無憂保姆的網站和手機 App 上，不僅提供家事服務人員的基本資料，還包括工作經驗、曾服務的家庭、在職時間、評比等。雇主可以在網上瀏覽家政人員的資料後，完成初步篩選，也可以視訊，或到實體門市進行面試。一旦雙方確認雇用關係後，雇主須支付無憂保姆網家事服務人員月薪的 30％[10]，被雇用的服務人員則支付月薪的 10％做為仲介費，其後雇主可在一年內免費更換家事服務人員。目前無憂保姆網平台上，在全中國已吸引到大概有約 10 萬個服務人員。

在家事人員方面，無憂保姆平台靠著口耳相傳，吸引家事人員在平台上登記註冊，並由此建立全國聯網的資料庫。雇主方面，則以搜尋引擎為主要推廣管道，來獲取關注和訂單。

在發展初期，去掉仲介環節的平台模式雖然很吸引人，但是用戶成長並不快。追究其因，在於平台最重要的一邊，也就是「家事服務人員」這個群體在平台上的數量不足。大部分保母、打掃家政婦的教育程度可能不高，不熟悉智慧型手機應用等產品，也缺乏管道接觸這些新興的家事平台，大多數還是習慣透過有門市的家事服務仲介找工作。

另外，市場上優秀的家事服務人員有限，加上程度參差不齊，工資

偏高，沒有統一可認證的機制，更嚴重的是無從得知保母本身的健康狀況與經驗。上述問題，讓家事服務產業的平台模式在初期走得並不順利。

2014 年，無憂保姆網獲得一家投資基金的天使投資，這家摯盈資本的創辦人蘇杭，曾實際以平台化策略和平台商業模式進行多次創業，於是建議無憂保姆網引用平台策略思考方式，進一步分析困境，提出改進方案。

其中，最大的改變亮點是：增加家事服務人員的數量和活躍度。

為了吸引家事服務人員主動使用手機 App，網站的推廣團隊除了加強針對雇主行銷，也對家事服務人員進行推廣。透過廣告、門市吸引家事服務人員下載並使用手機 App，如果家事服務人員主動上傳自我介紹資訊和影片，還可以獲得獎金補貼。

另外，是分配到府保母工作時間。投資人透過市調發現，住在雇主家的到府保母，家務技能比算時薪的鐘點工更高，而到府保母雖然每天 24 小時都於一個家庭中服務，儘管這行規定的服務時間是 12 至 15 小時，但事實上，這些保母只要 6 至 8 小時，就能完成當天所有家事服務，剩下的都是閒置時間。

因此，投資人建議無憂保姆網整合雇主需求，分配到府保母的工作時間，每天抽出 3 至 4 小時擔任其他家庭的鐘點家事服務，不僅能夠分享優質服務，還能降低服務價格。於是無憂保姆網開始在平台上協調整合這樣的需求，讓一些到府保母獲得雇主同意後，再接下一些附近地區的鐘點工作。這一點即是利用同邊網路效應帶來雇主、保母、平台多方共贏的結果。

除了加強家事服務人員的數量和活躍度，無憂保姆網也讓雇主與家事服務人員進行更多互動，以加強跨邊的網路效應。例如利用線上位置搜尋等，讓雇主可以看到所在位址周邊的家事服務人員，進而從中選擇，利用地緣關係來協助媒合與增加互動。

激發多元：促使平台「各邊」更積極參與

傳統產業向平台化轉型的第二個方向，是透過建立平台促使供需兩邊的參與，設立機制激勵更多資源供應方解放生產力，以及開拓更廣泛族群的參與，例如增強草根資源供應方的力量，甚至轉化業餘供應方變成專業供應方，來滿足日益多元且個性化的需求。具體做法包括：活化閒置資源、分割緊俏資源和轉化消費者參與生產過程。

方法 1. 活化閒置資源，解放生產力

以叫車產業為例，過去人們的交通運輸工具，不外乎地鐵、公車、計程車等方式。但是，這些服務有其局限性，比方耗時過長，或是體驗不佳，或因為壟斷而供給不足。所以，就產生更高品質的交通需求，透過租車或雇用司機來獲得滿足。

在叫車平台尚未出現前，如果想要享受較高品質的用車服務，只能選擇自己買部轎車請司機，除了購車成本不菲，司機薪資也節節升高，但車輛及司機大部分時間卻處於空閒狀態。若是選擇租車公司包車，一般附帶

司機的商務租車服務大多為月租、甚至年租，最短的時間也必須為日租。對於需求方而言，這種高品質的服務相對昂貴且缺乏高使用率；對於包車的供應方而言，市場需求並不大，再加上需求分散，每個包車公司所能獲得的業務量就更少。

正因為大多數中小型租車公司的業務量有限，無法達成規模效應，難以活化車輛使用率，因而把推動乘客長租視為合理的業務方式，並且收取高昂費用，形成一種惡性循環。

但如果觀察並記錄一輛車在一天中的行駛狀況，就會發現即使是一輛日租車，也很少會一整天都在路上行駛，大多是完成指派任務後，就處於停放的狀態。一輛車的閒置時間遠高過行駛時間，這樣合理嗎？

在過去，這些閒置時間無法被利用，但叫車平台打破了這種限制。無論在中國或是美國，除了公共交通運輸工具外，也出現叫車平台公司，如Uber、滴滴出行、易到用車等公司。2014 年初，騰訊、百度、阿里巴巴等公司都先後透過投資等形式，進入叫車平台領域。阿里巴巴投資 1 號專車（原大黃蜂專車，後被快的打車收購，又與滴滴打車合併，並改名為滴滴出行，但是滴滴旗下品牌皆保持獨立），騰訊則投資滴滴出行，百度投資Uber。

當我們把視線轉向這些叫車平台時會發現：平台活化了汽車使用的閒置資源，解放無數司機的生產力，最終幾乎改變整個都市交通產業的結構和競爭態勢。

在滴滴出行、易到用車等平台上，活化了閒置的包車（代駕租車）資源，將租車的最短時間由「天」變為「分鐘」，甚至可以隨叫隨到。這是因

為在平台上，租車時間可以被切分割的更為精細，也展現了「共享經濟」的精神。

進一步來說，叫車平台是純粹連接「有用車需求的乘客」和「能提供附帶司機的租車公司」這兩方群體的平台。叫車平台的網站、App 等工具，使得配對過程更加即時而迅速，由於聚集大量使用者，形成規模效應，這樣一來，租賃車的時間自然可以被分割。

「平台」把年租、月租的高品質租車服務，轉變為像計程車一樣可以即時叫車的服務。透過時租的形式，在車輛完成一個任務後，可以隨即奔赴下一個任務，充分活化閒置車輛與時間。對於需要用車的乘客來說，更加方便快捷，也以低價獲得需要的乘車服務。至於想要多賺錢的司機，也可充分利用閒置時間賺更多錢。

平台也提供很多機制，讓乘客對司機服務品質進行評價，司機如果想接更多生意，便必須提供更好的服務。因此，平台激勵了司機的積極性、解放了生產力，自然提升整體的服務水準。

然而，各家叫車平台的切入點和關注點仍有些差異。

比如來自美國的 Uber，其理念是即時滿足顧客需求和充滿樂趣簡便的用車過程。乘客下單時，由移動定位服務（Location-Based Service，又稱 LBS 技術）確定位置，乘客不必輸入要去哪裡，司機不必主動決定是否搶單，而是由系統直接分配距離範圍內最近的司機。Uber 不接受預約，只提供即時媒合。廣告也以時尚、有趣為核心概念，宣傳乘客與陌生司機交流的樂趣。

從計程車叫車軟體開始發展的滴滴，則鎖定在讓更多人能享受到平價

的專車服務，提升市場占有率。所以，除了大量的資金補貼，滴滴也注重發展司機的群體，讓更多人加入專車司機行列，藉此吸引原來可能會去搭乘計程車、甚至公車的廣大乘客群體，進一步將行業做大。

又比如從中、高端企業客戶起家的易到，其理念是汽車共乘與專業服務，所以在市場中一直以高價定位，並篩選具備專業性和較高服務水準的司機加入。易到透過將租車的時間資源分割，實現更多的汽車共乘，等於「創造」更多的叫車時間，解決租車資源不足的痛點，使得汽車充分「行在（馬）路上」，而不是「停在（車）庫裡」。

當乘客叫車後，易到會提供周圍搶單司機的照片、車型、運費、抵達時間及好評度，提供乘客點選。整體過程似乎比 Uber 複雜，但能提高乘客更多元的選擇權利，吸引那些把叫車當成體驗、而不只是代步工具的乘客，因乘客的點評可能影響司機後續接單的可能，也同時督促司機提供更無微不至的服務。

平台實例

易到用車
活化閒置車輛與司機資源[11]

易到用車的創辦人周航，曾創辦一家音響設備服務公司，由於工作的緣故，經常到處出差，而途中的用車問題讓他頭疼不已。大多數商務人士出差時，會想使用高品質的租賃車而不是計程車，但是代駕租車的價格高，而且出差時大多只需要機場接送即可，並不划算。這個想法，開啟了周航打造一個針對高端商務人士的叫車平台的念頭：在這個平台

上，可以發布乘車需求，而有車的商務租車司機，可以在包車的空閒時間另外接訂單。

2010 年初，周航將這個念頭付諸實現，在北京成立易到用車公司。易到平台上的一邊是有用車需求的乘客，另一邊是汽車出租公司的司機、個體司機，甚至自己公司的司機等等。當接收到乘客的叫車需求（乘客輸入起點及終點，選擇想要的司機及車型）後，易到將這些需求發布給司機，所有司機通過手機上裝的 App 進行搶單。若客戶未做選擇，系統會根據車輛距離、訂單數量、司機評鑑等派遣車輛。

當用戶逐漸增多後，周航意識到，這個平台不僅連接叫車的雙方，更是將租車時間進行分割，讓每段時間都能更充分運用。因為平台直接連接用車雙方，這樣就把若干年前還是高端市場的代駕租車，改造成為靈活的計時租車。以往年租、月租的高端代駕租車，就轉變成為像計程車一樣可以即時叫車的服務。計時租車使車輛能在完成一個派車任務後隨即奔赴下一個任務，充分活化閒置的車輛與時間。

周航曾說：「我們有一個理論，就是停在停車場裡的車都是被浪費的車，車的本質是在路上，裡面應該還坐著人，甚至是坐著更多人。所以，我們應該讓現有車輛盡可能發揮效益，這是一個汽車共乘社會的本質。」在這樣的理念推動下，平台模式變得越發清楚和重要。

易到用車從成立至今，用戶數達到數百萬，企業用戶數萬家，業務擴展至 70 多個城市。2015 年前後，公司更積極擴增業務與合作對象，極力推行「共乘用車」。除了與汽車公司如富豪（VOLVO）、特斯拉（Tesla）等汽車公司，在叫車平台上推出相應的新車型[12] 外，易到還與電

動汽車、金融產業等結合，為用車方式帶來更多的創新，比如聯合奇瑞汽車（Chery）、博泰集團，出資成立易奇泰行，計畫在未來推出互聯網智慧共乘電動汽車。還與海爾產業金融合資成立「海易出行」，計畫共同籌建行動交通服務的資源平台[13]。

易到的目標，是在 2017 或 2018 年成為中國最大的汽車租賃公司[14]。無論這個目標能否實現，我們都已經看到一家從平台起步的公司，透過活化閒置汽車的資源，不僅開創出新的產業格局，更帶動公司的快速成長。

平台對於閒置資源的分割、標準化定價、協助交易，有助於提高整體生產力，使得「短（租車時間更短）、頻（車輛利用頻率高）、快（叫車更為快速）」的需求能獲得更大滿足，而且降低產品服務的價格，提高擁有資源者的積極性。

平台透過對資源的再分配降低價格，讓更多人也能同等享受。資源被分割後，利用率提高，價格自然下降，就如同「舊時王謝堂前燕，飛入尋常百姓家」，平台的存在，使得更多用戶能以更低價格享受更好的服務。各種叫車平台，透過對租車時間的分割，在不補貼的狀況下，將以前商務車公司提供的機場接送價格降低約三分之一，在市區短程服務上，大多數專車平台的價格比計程車略高，但乘客獲得的服務及車況卻大幅提升。

平台透過分割資源，調整資源提供者的積極性，來提高回應速度。時間的分割帶來更即時的服務；以往乘客若有緊急用車需求，一般商務車公司很難滿足，甚至在叫車顛峰時間，也很難叫到車，如今透過叫車平台機動

地調派更多司機，讓供需更平衡、更快得到滿足。

方法 2. 分割緊俏資源，先細分再按需求排序

在易到的案例中，其商業模式的核心亮點是把整段完整的租車時間分割成零散時間，讓閒置資源在平台上可以更有效的運用，也有更多人能因此享受租車服務。資源分割促進了供需雙方的良好配置，因此「創造」出更多資源。

但在中國快速發展的商業環境裡，有很多優質的資源供不應求，即使價格飆升，需求方仍然趨之若鶩。例如，三甲醫院（等同台灣教學醫院）的名醫特別難掛號；有機、安全、進口的食品價格特別高；哪怕是一件質料好一點的襯衫都要比國外貴好幾倍。優質資源不足，不僅是消費者的痛點，也是很多產業發展的瓶頸。

平台商業模式可以對資源進行分割，並排序分配，以解決優質資源不足的痛點。例如，在醫療產業，對醫生時間進行分割並排序，是平台思維一種有趣的運用。

醫療產業「資源不足」的痛點，幾乎是大多數中國人公認的事實。除了中國醫生的整體數量不足和品質參差不齊，更為關鍵的是，醫療體系沒有嚴格的分診和分級轉診制度，病人迷信三甲醫院，無論大病小病，全湧向大醫院，像是「全國人民上協和（醫院）」，導致人滿為患。

許多病人花費大筆金錢、精力拜訪知名醫院，甚至千方百計要掛名醫的診，但本身的疾病並不嚴重；反之，一些嚴重的病患反而無法獲得專業醫師的服務。或行政手段限制醫生進行多點執業（即醫生只能在固定的醫院出

診），各省市之間的醫療保險並不通用，導致村鎮、小城市的一些重病患者無法接觸到最合適的醫療服務，甚至當醫院人滿為患時，許多病患不願忍受糟糕的就醫環境而放棄就診。

由此可見，整個醫療體系的分配出現問題，導致「好鋼沒有用在刀刃上」。於是，病人抱怨看病貴、看病難；醫生工作辛苦，收入卻成長緩慢。整體醫院的資訊化、現代化、標準化管理程度，都遠遠落後於發達國家，醫療體系亟待改革。

而像春雨醫生這樣的平台，醫生和病患利用互聯網或手機，讓彼此進行即時溝通，就可以提升效率。同時醫生也可靈活機動的分割自己時間，善用閒暇時間提供簡單的電話、書面醫療諮詢，將完整的門診時間留給最需要的病人。而醫生在等車、排隊、購物的空檔，也可以利用零碎時間為患者提供一些簡單的醫療諮詢，能夠「創造」出新的醫療時間。

醫療平台的精髓，不只是充分利用醫生閒暇時間，其重點是對醫生的時間進行排序。將醫生的零碎時間用來處理一些症狀比較輕，甚至根本不需要到醫院就診的病例，而將大塊的、完整的時間用在醫院現場，必須當面處理的病例。這樣的操作方式，在一定意義上已實現病例分診，讓醫生的時間更加有效利用。

平台實例

好大夫與東軟熙康雲
重新將醫生時間資源排序分配

好大夫網站創立於 2006 年，創辦人王航畢業於醫科大學，擁有醫

學背景，也參與過建立互聯網公司如 3721、奇虎等公司。跨界的經歷讓王航很早就看到醫療產業與互聯網的更多可能性[15]，當時大多數醫院的官方網站十分簡陋，病患很難查找到醫生介紹和排班資訊，王航看準這個機會，創立「好大夫」醫療網站。

最初，好大夫網站只是簡單的提供醫院資訊，包括醫院地址、電話、科室門診安排、醫生的資訊、專長、收費價格等。之後，演變成醫生和病患進行交流的場所。又經過幾年的摸索後，好大夫網站逐漸找到策略方向，定位在促進醫生與患者的交流，發揮連接患者和醫生的作用，嘗試把各種醫療服務轉介到網站上來。

在好大夫網站，除了醫院及醫生的基本資訊，每個醫生還可以自主開設獨立的個人主頁，撰寫科普文章，成立患者小組，並在線上、或以電話為患者提供科普、醫療諮詢等服務。醫生還可以同時在平台上主動了解病人資訊，開放門診的加診加號。如此一來，醫生能夠選擇一些專門的病例，甚至於疑難雜症，有助於醫生的研究，還能提升醫療專家資源的利用率。

好大夫網站的魅力，在於網站本身並沒有開辦醫學院培養更多醫生，也沒有大興土木蓋新醫院，而是在現有的體系上創造平台，讓醫生可以對自己的時間進行排序，協助醫生把時間用在刀口上。

雖然還沒有完全發揮分診的作用，但醫生在好大夫網站上的回答，已經可以幫助病人進行自我診斷。一些簡單的病症在書面及口頭回答後就獲得解決，不再需要占用三甲醫院專業醫生的門診和手術、研究等時間。也有醫生在好大夫平台上加號，把時間留給最需要的病人。截至

2015 年，好大夫網站已經涵蓋中國 31 個省市的 3,200 多家醫院，提供醫院的門診資訊和 30 多萬名醫生的專業資訊[16]，每月活躍用戶 26 萬9,400 人[17]。

透過平台對資源分割排序的功用，也完全體現在「春雨醫生」App。我們在之前的案例中提到，春雨關注「診前」、「輕問診」領域，特別是如皮膚科、婦科、母嬰、泌尿科、健康諮詢等科室。例如新手媽媽常對嬰兒的突發狀況感到手足無措，她們就非常需要簡單的遠端問答即可，而不是將孩子帶去容易交叉感染的醫院。所以，春雨將醫生的時間進行分割並且分類，提供最閒暇的時間給春雨平台，大大提高與求診病患之間的配合度。

2015 年初，春雨共累積 5,800 萬用戶量[18]，大約 10 萬名註冊醫生，每日健康問題諮詢量超過 8 萬，女性用戶占比約 60％。手機應用在 Apple Store 中有數萬多條評價，評價得分四星半，月活躍用戶 264 萬8,800[19] 人。這些數字進一步證明，春雨模式的市場潛力。由此可見，對資源進行分類排序是解決產業痛點，進行傳統產業轉型的可行之路。

與「好大夫」和「春雨」類似，中國的軟體集團「東軟」公司也瞄準醫療產業搭建平台[20]。東軟曾經主動研發並生產核磁共振、電腦斷層掃描（CT）、彩色都卜勒超音波掃描儀、核子醫學造影等醫療設備，憑藉這些技術背景，掌握一批醫院和醫生資源。

所以，東軟透過熙康醫療平台，幫助連結三、四線城市的病患和一線城市的醫生資源，展開遠端醫療服務。其特點是，一線城市醫生利用業餘時間來看三、四線城市重病患者的病歷，提供參考意見，並同時指

導三、四線城市的醫生,再由醫生為當地的病人進行診療。這是對醫生時間資源進行分割並應用的另一種思路。

平台對供不應求的緊俏資源進行重整排序,能夠為優質資源的供給方帶來許多好處,所以供給方會更積極參與其中,為全體創造更大價值。

第一、獲取客戶價值的最大化。平台透過資源分割排序後,創造價格區間,讓醫生獲取對價格敏感度不同的各種客戶,創造更大總體價值。

第二、協助媒合最想要的客戶。平台對資源進行排序後,供需雙方都能夠找到最適合自己的對象。在傳統醫療體系的認知中,醫院最關注的向來都是滿足患者需求,而忽略醫生需求。其實,從平台經濟的雙邊市場論點看來,供應方想要找到自己的目標客戶,也是一個迫切的需求。

就像醫生希望將自己的時間和專長,用在最需要的患者身上;銀行的信用卡中心、航空公司、高級飯店想找出最頂級的客戶;高級法式餐廳也希望能夠將有限的座位留給最懂得欣賞廚藝,並且能夠多花點錢在酒水消費上的客戶。

這些需求都是相通的,將來也有可能透過平台,針對上述痛點創造出新的商業模式。例如媒合創業者和投資人的資源整合平台 App「微鏈」,投資人可以自行舉辦實體活動,與有需求的創業者面談;創業者則必須支付一定的費用,購買投資人一小時時間,相約在咖啡店或其他地方進行提案。當然,投資人有權決定接受哪幾位創業者的邀約,也可以審視相關創業項目和創業者的背景資料,選擇自己感興趣的投資項目,並主動聯繫創業團隊。

第三、加強供需之間的互動聯繫，協助供給者打造個性品牌。透過對資源進行分割排序，供需雙方能夠更好的對接，所以供需間的聯繫變得更強，有助於為資源的供給者打造品牌，尤其是個人品牌的建立。

方法 3. 讓消費者參與生產過程，滿足多元需求

由於消費者需求越來越個性化、多樣化，平台也可以動員消費者投注更多時間與精力，將他們的個性和想法都融入生產過程中，完成用戶與商家的共創共享。這便是所謂「消費者即生產者」（prosumer[21]）的概念。企業和消費者之間不再是冰冷的銀貨兩訖關係，而是透過平台共同壯大。

當消費者開始熱中參與生產過程，表達自己的創意和想法時，傳統企業才是真正擁抱了消費者。「消費者」不再是價值鏈的最後一環，而是被包含在價值鏈和商業模式的設計之中。

美國視頻網站網飛（Netflix），在 2013 年創高收視率的政治題材電視劇《紙牌屋》製作過程中，就深度分析觀眾喜好[22]。網飛透過分析網站上儲存並累積的使用者行為資料，比如觀眾看到什麼畫面時會暫停、重播，甚至快轉，什麼片段或集數的播放次數最多等資訊，在編劇過程中加入觀眾喜歡的元素，並根據觀眾喜好來做相應的推薦。

為此，《紙牌屋》製作了十支宣傳預告片，當網飛的用戶打開網站時，網站會根據這個使用者的喜好，推播最適合的預告片[23]。如此一來，預告片的點擊率和收視率就非常高，所以在節目開播前，網飛就已經有十足把握，《紙牌屋》會是一部熱映的電視劇，其結果也證明的確如此。

透過平台的連接、評價作用，消費者的角色被轉換、且被專業化，參

與到供給過程中。

中國的「秒賺」，是一家由消費者主動參與廣告投放過程的平台企業，讓消費者觀看更多的廣告，同時主動找尋自己有興趣的商品廣告，以進行更精準的廣告投放。

當平台上累積足夠的消費者點選資料後，就更能了解每位消費者的消費喜好，做好更精準的廣告推播參考。對商家而言，將廣告投放給越準確的消費者，更能提高廣告效果。當消費者主動挑選廣告觀看時，也幫助商家了解市場對產品的需求，進而調整產品方向。同時也幫助商家了解這些廣告的訴求重點，以確保更能引起消費者興趣，在廣告大舉投放到大眾媒體前，能夠在秒賺平台上測試廣告效果。

平台實例

秒賺廣告
讓消費者參與「訂製」廣告

總部位於重慶的「秒賺」是一家廣告平台公司，商家在平台上投放廣告，消費者在平台上觀看廣告，透過廣告連接供需兩端。做為一個廣告平台，其特點是讓消費者參與廣告發布過程，也就是「觀看廣告」。秒賺利用這樣的方法，讓商家提升廣告達成率，讓消費者在平台上參與「訂製」廣告。

「訂製廣告」是怎樣運作的商業模式呢？

在秒賺的設計中，用戶根據需求點擊收看喜歡的廣告，每次觀看、分享廣告都可以累積獲得積分，積分可以用來兌換產品。商家在平台上

發布廣告不需要花錢，而是用商品來沖銷廣告費。至於廣告費的計算則按照用戶點擊率來支付，按照實際收看效果進行收費。而秒賺在投放廣告時，利用大數據設置一些精準投放條件，以直達目標消費者。這一套方法的關鍵，是由消費者主動選擇是否收看廣告，讓消費者參與廣告發布的過程，以此提升廣告的有效性。

　　舉例來說，當消費者打開「秒賺」App 時，後台會推播附近商家的廣告，如果消費者選擇觀看廣告，就能獲得積分。每一個消費者所看到的廣告，會因其所在位置、個人喜好而有所不同，觀看廣告的紀錄也會被留存，提供平台更了解每位消費者的偏好和消費行為，進而推播更為精準的廣告。平台把消費者的偏好融入廣告推播過程，發布廣告的過程也更為智慧化。對商家或對消費者而言，都做到廣告精準投放的最終目的。

　　此外，秒賺平台的積分機制，增加消費者參與觀看廣告的意願，更進一步強化用戶的黏性。在使用平台的過程中，消費者不僅獲得自己需要的廣告，在看廣告的過程也能獲得實際收入，提高停留在平台上繼續觀看廣告的意願。這些動作形成正向循環，讓商家廣告投放會史精準，提升效益，消費者也不會受到無關的廣告騷擾。

　　以往，廣告是否有效，只能等到商品實際銷售的環節才會被驗證，但在秒賺平台上，讓消費者選擇是否觀看廣告來驗證廣告的有效性，消費者不只是被動的廣告觀眾，還主動參與廣告的選擇，引導廣告類型、主題的發布，因此，商家可以知道在什麼地區、什麼族群喜歡收看何種廣告。平台則可以累積資料進行分析，為大數據行銷打下基礎。根據秒賺公司發布的資料顯示，2014 年 5 月上線以來，該平台的觀看廣告用戶

達 800 萬人，投放廣告的商家接近 20 萬家，廣告交易額接近人民幣 20
億元，顯示這個創新模式已受到市場認同[24]。

引導消費者「參與」往往能激發出更大的潛力。像是總部位於中國蘇州
的「好屋中國」公司，是一家行動互聯網的房地產銷售平台，與多數房地產
新創公司一樣，好屋中國也是利用互聯網、手機等技術的便利性，讓買房
人、經紀人、開發商、中古屋主等直接透過平台連結，在平台上就能看到
房屋情況與價格等。

更有創意的是，好屋中國也把一般消費者發展成為房屋仲介、經紀
人，如果用戶推薦朋友買房，會獲得 20％的佣金。根據好屋中國的資料，
至今已經發展數十萬個個體經紀人。另外，銷售策略上也開始運用娛樂行
銷方式，比如轉發搶購房紅包，以微信推薦客源等。

個人自媒體崛起，透過平台互動交流

還有一檔知識類的網路脫口秀自媒體節目《羅輯思維》，節目主講人羅
振宇（又稱羅胖）透過知識分享而廣受歡迎，繼而發展成為平台，也吸引一
般人進行知識、興趣、觀點的分享。

《羅輯思維》自 2012 年開播，當時僅在中國視頻網站優酷上播出，節目
製作相當簡單，布景只有一張書桌，固定主持人羅振宇就坐在書桌前，一
次節目約 45 分鐘，內容包括介紹一個知識與觀點，或分享一本書等。

由於《羅輯思維》節目中切入的話題，通常是 80、90 後（指 1980、90

年代出生）普遍關心的話題，但又略帶專業性和複雜性，一般人可能自己研究不深或不夠了解，透過節目講解比較有趣。例如開播初期的主題有「中日貿易，如何愛國」、「房產稅與地溝油」、「民意真的可信嗎」、「我和左派談談心」等。

　　不久，《羅輯思維》發布微博帳號、微信公眾號等，就從一個單向傳播的形式變為互動平台。在微信公眾號上，羅振宇每天早上 6 點半準時發送一則 60 秒的知識語音，並歡迎觀眾在微信後台留言。之後，除了微信後台，又增加節目與觀眾溝通的其他管道，還建立微信群、有道雲筆記（註2）分享等；主持人在節目、微信中都告訴觀眾可以留言，告知想要了解哪方面的資訊、對什麼感興趣，甚至可以貢獻自己在某一領域的專業知識，再由主持人把相關知識分享給其他觀眾。觀眾透過這些方式向節目製作單位提供有趣的內容和主題知識，甚至與其他觀眾交流。

　　由於《羅輯思維》節目吸引一批對知識感興趣的中壯年人群，所以逐漸從單向的資訊傳播節目，發展成一個網狀的知識分享平台和社群，還延伸出各種活動，比如向會員推薦購書、安排實體見面活動、銷售特殊節日禮品等。從一個傳統自媒體，依靠自己精心開發的內容吸引觀眾，逐漸轉變成一個共創共享的成長平台，《羅輯思維》節目推出 3 年，累計點播次數就達到 2 億 9,000 萬次，吸引 530 萬的微信訂閱人數，並於 2015 年 10 月完成 B 輪（第二輪）融資，估值達到人民幣 13 億 2,000 萬元[25]。

（註2）有道雲筆記：一種雲端記事本，可以將拍照、手寫、錄音等資料記錄並儲存下來，並且隨時進行線上編輯。

美國 Google 的 Helpouts 平台（2015 年 2 月已關閉），也是這樣一個普通用戶參與創造過程的例子。Helpouts 幫助一般人成功變成技能的供給者，轉化大量消費者也變成生產者，以滿足多元需求，這種經營模式很可能會顛覆傳統「專家自以為是」的教育、技能培訓等產業。

平台實例

Helpouts
轉化用戶為創造者，交流技能的共創共享模式

美國 Google 在 2013 年開始內測 Helpouts 平台，11 月正式上線。平台主要功能是讓人們在網站上透過視訊與人交流，學會各種技能，種類包羅萬象，不論是正規的學習課程，也有各種生活休閒技能，共分為 7 大類：分別是電腦及電子技術、烹飪廚藝、教育及職業、時尚及美容、健身和營養、醫療健康、園藝和家居，其下再細分更多內容供人選擇。

簡而言之，網站是一個多對多的「技能授予」平台。平台一邊為「技能提供者」，另一邊為「技能需求方」。其中，技能需求方可能是每一個普通用戶，技能提供者則比較多樣，主要是擁有技能的個人，也有少量的企業公司。

在 Helpouts 平台上，任何有技能或知識的個人都可以成為「老師」，大多數用戶直接在網站上通過搜尋、推薦等功能，找到若干個「技能提供者」，再根據以往的評分紀錄、課程安排、資格介紹（如相關證書等）選擇老師、進行付費，然後透過「視訊通話」完成學習。在 Helpouts 平台，人們所擁有的人脈、經驗，各種領悟和體會都可以轉為金錢。「三人

行，必有我師」，每個人身上值得學習的部分，都可以在此產生價值。如果 Helpouts 能夠發展壯大，將不再只是一個單純的技能知識交流平台，更可以是人脈平台、教育學習平台、產品推廣平台、醫療診斷平台、生活服務平台的綜合體。

在 Helpouts 的設計中，普通人既是用戶，也是創造者。用戶可以在平台上學習西班牙語，也可以成為老師，教授製作烹調義大利麵的技巧。使用者不僅在網站上接受服務，本身也能創造服務內容，使得用戶與用戶在平台上形成正向循環，共創共享。Helpouts 做為平台本身，並沒有設計或教授課程，而是為技能提供者和技能需求方創造交流空間，充分刺激與發揮用戶的潛力和資源。

雖然連接個體用戶的出發點很好，不過在推行平台商業模式過程中，也要注意如何激發同邊和跨邊效應，因此設計機制很重要，需要十分謹慎。Helpouts 在具體營運的過程中，也碰到一些障礙，比如收費方式的設計，網站讓技能提供者自行決定收費價格，如果太高會嚇跑求助者，太低又降低人們分享的意願。曾有位諮詢心理師羊格頓接受採訪時表示，一開始他在網站上提供一對一的免費心理諮詢，想要慢慢過渡到收費諮詢，但是發現無法成功的轉換用戶[26]。另外，平台也要評估和管理「技能提供者」的教學品質，以確保網站上真正能夠提供有品質的服務。

遺憾的是，在 Helpouts 的發展過程中，還是遇到上述問題，導致網站的成長速度低於 Google 預期，並且和 Google 其他業務的協同效應也未顯現，最後在 2015 年 2 月已關閉此平台。

雖然 Helpouts 平台已經終止，但在這個案例中，我們還是看到激勵一般人能帶來的諸多優點：降低「教學」門檻，人們不再需要成為專職老師才能教導別人，也不用再準備繁雜的教材，甚至不用見面就可以教學。我們必須理解平台所帶來的趨勢，這比單個項目的成功與否更為重要。在未來，平台能讓一般人的優點大放異采，每一個個體都能夠成為發光點，每一個人都有獨特優勢可以被發揚光大。在平台時代，一般人的力量進一步被強化，在有創造性的工作領域，打造個人品牌也會是趨勢之一。而平台模式的誕生，正催化著這種趨勢成為常態。

很多人以自身職業（或業餘）的專業性，在取得方便、交流迅速的平台上得以變現價值；人們揚起個人品牌的旗幟，以專家身分彼此服務，甚至像企業一樣，隨時與其他資源組合，完成種種短期專案，並獲得報酬。在這樣的業態下，個人的靈活度取代企業或大型機構的部分功能。

毫無疑問，透過連接個體用戶，啟動一般大眾的積極性，去掉「自以為是」的專業供應商，讓消費者參與生產過程，已經讓平台實現許多新創舉。

第一、激發參與感，生產與消費邊界模糊。互聯網網站的使用者自創內容（UGC）(註3)，透過協作產生平台核心內容。例如美國的照片分享平台 Instagram，它的生產與消費界限十分模糊。人們上傳照片到 Instagram，並在傳播圖片的過程中，增添自己的想法和評價，而這些評論都成為圖片內容的一部分。因此，用戶使用該平台的過程，其實就是生產過程。在

（註3）使用者自創內容（UGC）：為 User-generated content 縮寫，例如 Youtube 上由使用者上傳的影片，或是維基百科上由使用者協作產生的內容。

Instagram 上，分享一張照片不僅是簡單的貼貼圖，而是需要對照片進行快速的設計排版，甚至套用濾鏡、選取角度、配上文字，這是一種創意加工的過程，也讓人們更樂於分享自己所參與的創作。

　　第二、聚沙成塔，篩選出優質內容。使用者自創內容的發展已有一段時間，迄今也已經出現許多演化。像是中國的知乎網，各種達人在網上用文字甚至語音回答問題，與美國的 Quara 網站類似，都是透過經驗分享平台建造出一種網路問答的環境，連接「有經驗的回答者」和「想要知道答案的人」。

　　Quara 網站除了運用「使用者自創內容」產生高品質的知識、經驗、想法來創建內容，吸引使用者外，還集結優質的經驗成為專門話題區，甚至將這些優質內容編輯後，在亞馬遜網站上發行免費或收費的電子雜誌。從 2012 年至今，已發行 70 多個專刊[27]，內容涵蓋心理、廚藝、調酒、睡眠、經濟、求職、愛情、減肥、讀書、咖啡、理財、購物、知識、設計、環保、養車、裝修、職場、育兒等各種領域的話題。

　　正所謂「高手在民間」，知乎網上有的回答讓人忍俊不禁。曾有人做過一個「讚數除以字數」的統計，在知乎網上分享的答案優劣，反映在點讚的人數中。受人關注和熱門的答案會獲得「讚」，而此統計就是計算出單字獲取最高讚同數的比率。其中，獲得最高票的問題與答案是：在熱戀階段，見到戀人時，你想做的第一件事是什麼？答案是「笑」。僅僅回答了一個字，卻獲得 3,090 人的贊同。簡單的答案卻讓人心領神會，會心一笑。這便是平台的魅力：什麼才是好的內容，交由市場來決定。

　　第三、給使用者權限，強化黏著度。鼓勵一般消費者參與，也意味著

強化與消費者的關係。一些服裝公司開始進行品牌創新，推翻以往由設計師決定設計款式的慣例，而把此權利賦予消費者，由消費者來決定該設計什麼、生產什麼。

比如美國的時尚購物平台 FashionStake，透過平台形式尋找優秀設計師。設計師將作品發布在網站上，每件作品都要經過消費者票選，得票數高的作品才能占據顯著位置，並且上市銷售。而消費者如果投對票，能獲得折扣、免運費、贈品等獎勵，所以，顧客的喜好和眼光決定網站上會銷售什麼樣的商品。給予使用者權限，讓用戶從設計階段就開始發揮作用，參與其中，強化網站對消費者的黏著度[28]。

雖然讓一般人參與平台互動的好處很多，但這並不是一件容易的事。人往往最難預測，也最難管理。特別當大眾成為平台供給者，如何控制和監管用戶，成為平台的首要難題。這些用戶往往代表平台品質，比如叫車平台上的司機、線上教育平台上的業餘教師、美甲平台上的美甲師，這些廣泛大眾代表平台的形象和品質。所以，平台需要設定規則，特別是對管控一些不可量化的因素，以提升平台的品牌和形象。

「豬八戒網」是一家擁有廣大個人威客（Witkey）[註4]提供創意服務，滿足小企業多元需求的服務交易平台。

成立於 2005 年的豬八戒網，由企業和個人在網站上發布各種服務需求，

（註 4）威客：Witkey 是由 wit 智慧、key 鑰匙兩字組成，也是 The key of wisdom 的縮寫，指那些透過互聯網提供自己的智慧、知識、能力、經驗，用來解決科學、技術、工作、生活、學習中的問題，而獲取收益的人。

比如設計標誌、開發網站、開發手機 App、文案寫作等等。由眾多的威客搶單接下工作，提供服務，或者由服務提供者待價而沽，等待客戶前來光顧。

　　豬八戒網的優勢在於，平台帶來豐富的服務需求和充沛的供給，但是其挑戰也在於「豐富」這個關鍵字。平台上提供的服務林林總總、來自各地，難以直接篩選管理。而且不同於淘寶高頻率交易的商品網站，服務類的交易頻率並不高，累積的信用有限，交易過程中供需雙方需要很多溝通。所以，豬八戒網探索如何制定標準，對無法量化、非標準化的服務進行管理和評分，一步步將服務的交易流程標準化、規範化。

平台實例

豬八戒網
管理平台上的非標準化服務[29]

　　2005 年，從事新聞行業的朱明躍，注意到淘寶、當當等電商網路購物平台開始崛起，因而萌生創業想法。他察覺到，做策畫、寫文章、設計、開發等創意服務的交易，都不需要物流和倉儲，很適合透過互聯網進行溝通和交易。經過一番規畫後，網站於 2005 年底正式上線（該網站為豬八戒網的前身，豬八戒網於 2006 年 9 月正式上線）。

　　為了獲得使用者信任，營運初期，朱明躍和同事們動員親友，推廣分享網站的服務項目，甚至還會自費吸引使用者到網站上尋求服務。當網站上的服務內容變多後，使用者數量才逐漸增加。

　　直到 2011 年，豬八戒網站上的服務需求更加多樣化，涵蓋品牌設計、建築裝修、命名、文案寫作、翻譯、生活服務、法律服務、招聘等

等。但同時間，類似的服務類網站發展速度都慢了下來，主要原因是平台上所提供的服務非常個性化，且交易頻率不高，而且賣家多為個人，往往缺乏知名度與代表作，加上中小企業客戶預算緊縮，對這些非實體服務的價格評估相對偏低，所以要做成一筆交易並不容易。

豬八戒網站意識到，如果平台想要進一步發展，必須要對平台上的非標準化的服務進行管理。

首先，在不損害豬八戒網平台豐富性的基礎下，對平台上的供給和需求都要進行篩選，工作重心遂移轉到確保更多有能力的專業服務商入駐。從 2011 年的「騰雲 4 號」升級行動開始，豬八戒網開始逐步吸引企業用戶進駐，直到 2014 年的 1,200 萬註冊用戶中，企業級用戶已占50％。另外，豬八戒網的新交易平台採用「招標模式（一對一服務）」，買方發起任務後，只有少數與其匹配的賣方有資格參與。運作方式是由豬八戒網先做篩選，在 3 家最匹配的服務商範圍內按序逐一讓雙方溝通，再由買方（客戶）確定一家服務商。朱明躍戲稱，這是「從菜市場到百貨賣場」，從散亂的平台到有品牌、有篩選的供給平台。

其次，建立誠信交易與賣家評價機制。豬八戒網採取類似於淘寶的信用機制，賣方完成交易後可以累積信用獲得評價，級別則從豬一戒至最高的豬三十二戒。評價體系是基於交易金額和客戶好評率兩者結合來打分數的。2012 年，豬八戒網針對賣方，要求加入「誠信保障計畫」，需要實名認證並繳納保證金。同時，豬八戒網也針對買方推出「消費保障體系」──若買家所選擇的賣家是加入「誠信保障計畫」的服務商，卻未能履行服務，完成承諾，豬八戒網會先行賠付。這一措施使得當年

就有 80% 的買家選擇加入「消費保障體系」。

再者，仲裁機制與內部防弊。虛擬服務的交易很容易出現不滿，甚至糾紛，所以網站要具備相應的仲裁機制。在豬八戒網，當買賣雙方各執一詞時，會有專門人員負責介入調查，了解提供服務的情況，並根據網站標準進行調解仲裁。同時豬八戒網內部有嚴格規定，嚴禁公司員工參與買賣雙方的交易，以杜絕內部弊端，維持平台的中立立場。

最後，建立安全支付。與淘寶交易不同，豬八戒網涉及的服務內容金額較高，從費用支付到網站，再到網站轉付給賣家，會有一個交易帳期時間差，一般在 25 天左右。在這個過程中，會有大量的資金積壓到網站上，所以資金安全成為買賣雙方關注重點之一，為了保障資金安全，令人放心交易，2012 年豬八戒網成立專門的支付公司，取得中國的互聯網支付牌照。

豬八戒網透過這一連串的措施，來對非標準化的服務產品進行評估和管理，保障交易雙方權益，善盡交易平台責任。

協同整合：跨產業創造共贏

傳統產業向平台轉型的第三個方向，是透過建立平台來串聯上下游夥伴、甚至同業競爭者，一起設計生態圈的新格局、新規則，為供應方及需求方帶來更大附加價值，帶領大家走出產業泥淖。有時候，這種協同還可以跨越國界或產業的邊界，形成跨界的共贏。

具體做法包括：產業上下游協同整合、同業與外部協同整合，以及跨界整合。

方法 1. 產業上下游協同整合

平台的連接價值不僅僅在於讓供需雙方直接媒合，更希望透過機制串起整個產業鏈的上下游，發掘上下游連動的價值。相較於為了連結產業鏈最兩端的供需雙方，而剷除所有中間環節，這一種轉型方法的應用範圍會更廣泛，它打造的是串聯整個產業鏈上下游的創新生態環境。顯而易見，並非所有企業都能夠大刀闊斧移除產業的中間環節，尤其是多數在老本行經營許久的傳統企業，往往與整個產業各環節的利益綑綁在一起，難以分離，這也是客觀需要考慮的現實。在許多產業中，更為重要的，是讓產業鏈的上下游各司其職，協調利益共同發展，而將平台打造成一個全新的生態環境。

有些企業在產業中累積多年經驗，對產業的了解極為透徹，更熟悉產業鏈上下游的所有環節，因而位居領先地位，然而，這些價值只能被企業的內部消化，無法為產業中的其他企業所運用，如果這樣的企業能夠轉型打造平台生態環境，扮演連接者的角色，則它所握有的資源價值便可以幫助產業的協同整合，促成整個產業升級，企業本身也會因此倍數成長。

我們看到很多傳統產業的企業，從「金牌運動員」轉為「帶隊教練」，或是「裁判員」，最終創造更大價值。比如，透過連動上下游來制定產業規則，促進產業升級；還有企業從營運者轉變為向產業內輸出技術、培訓和管理方法的平台企業；另有企業透過自身的領頭羊角色，帶領同產業上下游為市場提供一條龍服務。

最典型的例子，如中國大連的泰德集團，利用在煤炭經銷所累積的產業聲譽、資源、經驗等，搭建煤炭交易平台，協助煤炭交易透明化、標準化，引進資訊、物流、金融等服務，攜手產業鏈上下游企業，共同促進產業升級。深圳長城物業與同行攜手，組成去中心化的產業社區 O2O 聯盟「一應雲聯盟」（註5），平等的共享其開發的智慧平台，共同建構智慧高效率的社區服務 O2O 版圖。

由此可知，建立平台不僅可以為企業帶來業績成長，同時也能極大化，並優化整個產業的生態環境。

透過建立平台，企業可以制定產業規則。例如提高服務或者產品的品質標準，增進產業的監督和檢查，加強與政府部門的聯繫等，以推動整個產業發展。舉例來說，食品安全是中國消費者非常關心的話題，如果有大型的食品企業帶頭，建立原材料供應商與商家對接的平台，或是與消費者相關的食品安全平台，其結果將有可能在政府監管之外，撼動產業和社會環境的變革，也算是一樁美事。

再如「菜管家」，利用前身上海農業資訊有限公司曾協助上海市政府執行農業資訊化專案時，累積的強大資訊技術和物流配送實力，篩選及輔導各地的農業產地與優質農家，提供科技檢測藥物殘留、食品安全追溯、蔬菜當天採摘，並配送至消費者家中等服務，希望有一天能在中國制定出新鮮美味送到家的標準流程。

（註5）一應雲聯盟：2015 年成立，前身為長城物業透過雲端技術管理傳統物業的一應雲智慧平台，此聯盟是與多家品牌企業及商家、供應商聯合發起的跨產業聯盟。

透過平台，企業可以增強產業內的資訊溝通。透過平台的規模效應，集聚中小企業，幫助上下游直接進行資訊整合，打破資訊不對等。目前有些產業的集中度頗低，多是微型企業如夫妻、老婆婆所經營的小店，不僅缺乏高標準的產業規則，上下游之間的溝通也有重重阻礙，與如今炙手可熱的互聯網等科技元素，更是相去甚遠。如果有產業的領頭羊能夠建立平台，擔任「教練」角色，在平台上導入新概念，也有助於促進產業升級。

淘寶網和支付寶的誕生，促進了電子商務平台的產業升級。透過資金留存、貨物保障、信用評價等方式，促進買賣雙方的誠信交易。雖然淘寶網也受到假貨等問題困擾。但比起以往純線下個人對個人的交易，交易安全及誠信皆已大幅提升。

又比如台達電公司，以及中國的東易家裝公司、動網公司，都在聯合上下游或者同業間進行轉型。

台達電的出發點，是用「轉型」來突破企業經營的潛在困境，用聯合上下游的方法尋找新的成長點，為產業提供更好的服務。

平台實例

台達電
提供整體解決方案，突破潛在困境

1971 年在台灣創辦的台達電，主業是生產電子產品、特別是電源產品的生產、製造和代工，在台灣經濟起飛過程中扮演了重要角色。近年來，台達電也積極採用平台化轉型的方式，突破企業面臨的成長困局。

台達電曾經是全球電源零組件生產代工的龍頭企業，在「全球每兩

台伺服器和 PC（個人電腦）中，就有一台使用台達電的電源[30]」。成績相當耀眼，但是，在金融危機以後，2009 年台達電第一次出現營業額衰退，營收下降 12％[31]。經營者意識到，在未來電源電子業可能會面對的挑戰：因為電源電子產品是高耗電產品，只有電能使用得越多，電源工廠才會更有前景。但目前趨勢是節能省電，如果與大趨勢逆流，想必會遭遇重重難題，所以，台達電開始尋求轉型之道。

首先，台達電先進行一連串的品牌管理措施，以凸顯公司的產業地位和品牌效應。因為之前代工產品雖多，但是彼此間缺乏整合。2010 年，當時的品牌長、現任執行長鄭平（創辦人鄭崇華之子）於是制定相應的品牌策略，用統一的品牌來整合旗下不同的生產線與產品（涵蓋 LED 燈、電子紙、自動化產品），形成一套整體解決方案。以凸顯台達電的品牌價值。

在品牌整合方面有了基礎後，台達電發現可以走得更遠，進一步用類似方法聯合上下游更多的供應商，一起提供綠色環保能源的系統整合解決方案。根據鄭平的說法，「未來將會是一個平台型的公司，定位在工業製造領域，以現有關鍵技術和產品，針對客戶需求提出整合方案[32]。」具體來說，就是根據商用和一般客戶的要求，提供一整套能源解決方案，其中一部分是台達電的產品和技術，另一部分會是外部廠商的技術或產品。

比如台達電和台灣交通大學合作的太陽能能源整合方案「智慧能源屋」，包括太陽能發電、再生能源管理、環境控制、能源存儲和線上管理等多個模組的能源管理技術[33]。其中，不僅有台達電所擅長、關於電力方

面的產品和技術，也包括其他外界資源的協助。該套技術不僅能隨著人在室內的活動來調節能源的釋放，還可以根據功率調節器來監測電流的流量，以達到節能目的。

台達電利用類似技術，陸續在全球建造 12 棟綠建築，在這些建築中，節能空調不是直接按照設定的溫度運作，而是會自動提前根據天氣預報進行智慧預測，調節室內溫度；也會回收雨水用來沖馬桶、澆花等；電梯下降時所產生的動能也被用做電能；另外還有新風換氣機、太陽能面板等裝置[34]。據悉，台達電還開發出一套綠色能源種植設備，可以自行調節控制光、濕度等，在家裡就能種植蔬菜瓜果。在食品安全問題層出不窮，安全堪憂的環境下，這套設備也許能夠讓人們在家中，就能種出更放心的生鮮瓜果，商機無窮。

在一系列轉型的挹注下，台達電成功讓旗下的能源管理業務和智慧綠生活業務，均獲得大幅提升，傳統業務電源零組件的銷售占比從 90％ 下降到 63％[35]，成為用轉型來化解成長困局的典範案例。

無獨有偶，中國的東易家裝公司也透過引進資訊化系統，在平台上整合上下游提供一條龍服務，成功地從一家專業家庭裝潢設計公司轉型為家庭裝潢平台。東易家裝透過解決居家裝潢業，從裝潢設計圖到建材購買、施工、後期監工驗收、款項支付等，原本分布在不同公司價值鏈過長的問題，相對減輕業主和多個公司或團隊打交道的心理負擔。

東易家裝
推整體服務平台，從「運動員」變「教練」

中國的居家裝潢業深具發展潛力，規模大、從業人員多，但消費者需求也相對複雜。根據中國國際金融股份有限公司研究報告，2015 年居家裝潢業的產值約人民幣 1.5 兆元左右的規模[36]。但是，由於產業門檻相對低，充斥著許多小公司，甚至是品質較差的游擊隊，所以裝潢業就是典型的「大產業、小公司」。

無論是對業者，還是消費者，產業中都存在著許多痛點待解決。對消費者而言，選擇裝潢團隊時，可能價格嚴重灌水、品質難以估計，裝修材料價貨不對等，而且產品選擇範圍小，沒有可以廣泛比較的平台；驗收時更沒有統一標準，還常被拖延工期。對居家裝潢公司來說，市場行銷成本高、效果差，內部管理沒有標準化流程，上下游合作經常出現紕漏，一旦某一環節拖延工時，就會影響整個價值鏈。雖然這個產業的毛利率可以達到 30％，但因為單一專案規模小、數量多，加上管理和行銷費用高，所以淨利只有 5％至 6％[37]。

東易家裝原本是一家傳統裝潢公司，公司產品分為 3 大類：家庭裝潢、公司裝潢、建材家居商品銷售。2014 年，東易家裝在中國 40 多個城市擁有 89 家直營連鎖店，在業界算是一家大規模的公司[38]。有鑑於業界亂象，東易一直想尋求變革轉型，並提升整體產業水準，藉此找到新的突破點和發展機會。在平台思潮的影響下，東易開始嘗試從垂直價值鏈轉型至平台模式。

轉型平台 1：整體服務平台

　　由於裝修過程環節很多，包括設計、材料及家具購買、施工等，都由不同的供應商提供，只要其中一個環節出現問題，就會影響最後整體的裝潢效果。所以，東易推出整體服務平台[39]，以整合價值鏈上的家居物品、材料、裝修設計以及施工團隊。

　　這些不同分工的公司，在平台上進行聯盟或是合作，以整體解決方案提供客戶服務，保證裝修從設計到最終呈現出一體化風格，而且在平台上的公司大多是東易的合作廠商，品質也有保證。

　　東易的構想是，在這個服務平台上由大公司帶著小公司，因為居家裝潢產業的價值鏈長，而且每一個環節都不可或缺，不能被剔除或跳過，以東易在業界的聲望與規模，帶著小公司，聚集一批合作者一起服務客戶，共同做大市場，克服產業過於分散的缺陷。

轉型平台 2：資訊技術平台

　　除了在整體服務平台連接上下游廠商外，東易另一個轉型方向是建立資訊技術平台，連結施工廠商、供應商及業主，並且透過資訊化管控系統監控施工的專案現場，進行遠端即時管理。在資訊化系統中，包括工地現場照片、東易的巡檢紀錄、施工廠商訂購產品明細、工程進度及交款情況。從而使得三方人員（施工廠商、供應商及業主）都可以在這個平台上獲知施工進度，並對產品交付等進行有效規畫。

　　從傳統垂直模式向平台化轉型，東易採用整體服務平台和資訊技術平台的方法，嘗試從「運動員」轉型為「教練」角色，規畫出自成體系的生

態系統，讓產業鏈個別環節的散戶和企業都能參與，共同壯大。當然，若非東易已在業界長期累積的能力與人脈，難以達到上述效果，而東易也因為推動整個產業的變革，使得公司價值倍增，它的轉型方式也值得借鏡。

與東易類似的其他傳統產業，也可以利用平台聯合上下游各環節，為客戶帶來一條龍服務。比如 IBM，從單純的硬體製造、單一服務提供商向平台模式轉變，聯合價值鏈的其他軟硬體服務商，包括銷售服務、諮詢服務、資訊技術服務等，一起提供企業使用者「一站式購足」的全方位解決方案。最終業務規模變得更大，黏性也更強。

同樣類似聯合上下游的轉型嘗試，也可應用在一些較偏僻冷門的傳統產業中。比如，中國北京的「動網」公司，主要是幫助客戶尋找體育運動的活動場館，在引進平台策略，聯合上下游之後，動網提供客戶的服務更為多元而有層次，不僅為客戶找到運動場館，還與體育培訓機構、設備公司等直接連結，讓消費者能一次完成包括尋找活動場地、體育活動設施、設備，以及運動教練培訓等多面向工作。

平台實例

動網
聯合上下游，提供更多元的服務內容

動網是一家連接體育娛樂運動場館和熱愛體育運動者平台的企業，其創新方向就是利用平台聯合上下游各供應商，提供更豐富多元而有層

次的娛樂和運動服務。

自 2013 年成立以來，在動網平台上，一邊的群體是需要找運動場館的個人或企業，另一邊則是各類閒置的體育運動場館，比如羽毛球館、游泳池、網球場地、撞球場地等。這些場館的營運廠商，只要主動在網站上填寫場館和時間資訊，想要運動的人就可以透過線上預訂，找到符合自己需求的運動場地，不僅讓使用者有更多的選擇，場館廠商也擁有更多客源。

營運一段時間後，動網發現，如果能夠聯合上下游廠商一起為客戶提供更多服務，將進一步凸顯產業資源整合的價值。比如，動網與運動設備製造商、經銷商合作，讓到場館運動的人能更方便且以低價買到運動配備；動網也與運動教練和培訓機構結合，讓人們不僅找到運動場地，還能安排教練進行訓練，讓運動變得更加專業。

簡單來說，動網透過串聯產業內更多的上下游廠商，提供一整套活動和解決方案，進行產業資源整合。此外，動網平台還提供一些額外服務，比如協助經營管理場館、合作營運等，進一步加強場館客戶的黏性。至 2014 年，動網已成為中國最大的體育類互聯網平台，在中國 10 個城市都有業務分布，可以在線上預訂 500 家場館，合作客戶有 1,000 多個[40]。

方法 2. 同業與外部協同整合

傳統產業搭建平台模式的思路，其實完全可以建立在開放自己的產業

關係介面上，以幫助同業獲得境外或業外資源，甚至達到整體產業的轉型。同時平台也因為開發更多境內需求，而刺激境外供應商的積極性，獲取更優質的資源。

有的企業獲得外部資源後，能夠帶動產業發展。例如成立於 1998 年，中國的行李箱領導品牌新秀集團，創辦人施紀鴻在經營公司十多年後，公司年產 1,000 多萬只各類行李箱[41]，銷售收入達人民幣數十億元。施紀鴻在卸下集團總經理職位後，又致力於打造浙江平湖國際行李箱城，希望利用自己多年累積的國際貿易經驗，以及國際客戶資源，支持更多進駐平湖的行李箱中小企業製造商，一起完善供應鏈、提升產品品質、做好國際銷售，打造平湖成為全球行李箱交易中心，為行李箱製造商持續發展貢獻心力，扶植更多像新秀集團一樣成功的企業。

有的企業獲得外部資源後，能幫助企業提升內部能力。對傳統企業而言，組織內部的能力和資源都是既定的，要挖掘新的人才資源並非易事，光用招聘、培訓、績效考核等常規步驟遠遠不足，這些既定流程也是「遠水解不了近渴」，跟不上企業發展速度。特別是在研發、創新、設計等環節，由於變化速度快，對專業技能要求高，因此借助外部顧問的諮商和外部資源，成為一條可行之路。這時，平台就為企業打開一扇大門，以實現企業與全世界資源的連結。

互聯網上有諸多獨立開放的創新平台，像是 NineSigma、InnoCentive、YourEncore 等，這些平台連接創新解決方案的需求方和供給者。需求方多為機構，如商業企業、政府部門、非營利組織等；供給者則多為個人，如專業科學家和研究人員、兼職的工程師和退休人員等。企業可以利用這些現

有的創新平台，或根據自身產業特點建立自有的創新平台，結合企業內部的需求與外部的資源。

這些科學家、研究者聚集在創新平台上的討論和互動，便是平台的重要價值。透過建立論壇討論、合作完成專案、實體聚會等形式，促進「創新供給者」（科學家和研究人員）之間的交流，提升研究水準及掌握最前瞻的科學新知。

創新平台所建立的交易規則，也屬於平台功效，特別是知識、技能等難以量化而無法衡量的資源，平台為其提供交易標準，因此，具有專業才華的科學家、研究人員不用擔心自己的成果不能被識別。所謂「重賞之下，必有勇夫」的規則，更能吸引優秀資源。

平台實例

HOPE 平台
海爾開放創新平台，提供內外部解決方案

成立於 2012 年的 HOPE（Haier Open Partnership Ecosystem）平台，是海爾推出的一個開放創新合作平台，不僅幫助海爾在全球尋找技術資源，也開放給其他企業在此找尋技術解決方案[42]。

平台的主要目標，是媒合使用者需求和企業技術、創新、設計等方面的解決方案，其概念是透過互聯網，連結「解決方案的需求方」與「解決方案的提供者」，降低搜尋與溝通成本。當初構想是吸引有技術難題的企業（無論是海爾或外部企業），在網站上提出相應的需求，而世界上任何能夠解決這難題的企業（如全球 500 強）、機構（如大學院校、專業實

驗室等）和個人（如教授、工程師），則在平台上提出解決方案，並經過配對篩選，甚至被採納實施。此外，HOPE 平台也歡迎一般消費者對現有產品和未來創意進行評論和建議。

2014 年，HOPE 平台上共收集超過 500 則需求，在網站上發布的需求有 160 多則，其中成交的需求達到 50 多則，所搜集到的解決方案，完全都是由外部機構提供。截至 2015 年 8 月，HOPE 平台已經有 20 萬個註冊用戶[43]。

在 HOPE 平台網站上，提供創新需求、技術方案、科技資訊與社區 4 個服務項目。在創新需求項目中，在平台註冊的用戶發布技術需求，任何企業或個人都可以直接在線上提供解決方案，並與需求發布者進行互動。在技術方案項目中，由用戶提供自己的技術方案，這些需求和方案會形成一個資料庫，平台會根據大數據和標籤自動配對，同時還會透過線下專家團隊進行技術分析和評估，協助需求方和提供者媒合。至於科技資訊與社區項目則用於交流和溝通，除了讓既有解決方案的需求方與提供者相互交流，以獲得更好的解決方案；也有不同的「解決方案提供者」互相交流，互通技術進展與工作方法，互相激發靈感。

這 4 大服務項目，形成「社區交流－技術匹配－創意轉化」[44]的循環。也就是說，海爾和其他公司先在「社區」了解使用者需求、了解技術動向，然後為供需雙方配對，最後將創意轉化為實際可行的產品。這樣的模式讓海爾內部、外部合作者、資源提供者、其他企業、一般用戶及平台用戶，構建成一個創新生態圈。

在海爾內部，HOPE 雖是公司的創新平台，卻獨立於其他業務部門

之外，平台從各大產業線彙集需求，協調解決方案提供者和需求方進行溝通，並提供相關的實體服務，同時還幫助企業內外溝通，以促進外部資源合作成功率。

目前 HOPE 平台主要解決兩種類型的問題：一是處理難度較高的需求，即海爾內部現有的資源無法解決，必須尋求外部資源協助；另一則是處理速度過慢的需求，像是流程複雜或涉及多個「方案提供者」，或因涉及多項文書處理，若在海爾內部進行解決，合同簽訂的流程過長而缺乏效率。舉例來說，一般要成為海爾的供應商，至少需要半年才能完成供應商認證，但如果是創新技術資源的供應方，就能透過此平台加快處理過程，以及合作和創新的腳步。

像是海爾出產的「海爾星盒」（智能居家的中樞系統），可以自動記憶人類行為習慣，但這並非海爾內部研發的技術，而是透過 HOPE 平台找到華中科技大學的研發機構所完成。另一個產品是「乾濕分離」技術的冰箱，創意來自於一名消費者在平台上的一個問題：「冰箱不能讓菠菜保鮮」，而引發的討論。

說到平台的意義，首先 HOPE 將觸角延伸到海爾企業的外部，觸動企業外、產業外、海外等外部的「三外」資源，集全球研發資源為海爾所用。

其次，HOPE 平台讓解決方案的供需雙方直接配對，去除冗長的溝通程序，並有平台大數據說明方案技術的配合，需求方與提供者都能在這個平台上獲取產業資訊，彼此交流最新的研究動向，發現新的市場需求。甚至不同的解決方案提供者之間也可以互相合作，碰撞出創新的火

花，這便是平台的跨邊與同邊網路效應的最佳應用。

最後，一些看似毫不相關產業的外部企業，成為 HOPE 平台簽約客戶，包括一些外資汽車配件公司、大型電力集團、醫藥企業等。對這些企業而言，平台提供的加值服務，可以幫助他們更快速、準確的，獲得以往不可能獲得的資源，節省企業的人力投入和搜尋成本。

海爾的規模龐大，有創新的技術，也有長期累積的資源，如良好的供應商關係，這些都可以提供給平台上的其他企業。而這些外部企業的參與，也進一步增加技術供應商的活躍度和黏性，形成良性循環。

方法 3. 跨界整合

傳統產業如果能在平台融合其他行業，進行跨界整合，往往會創造出全新價值，全面提升產業水準。

提到傳統產業與其他產業的融合，我們最常想到的就是傳統產業互聯網化，比如零售業電商化、服務業的 O2O 透過線上幫助線下導流、教育業的互聯網課程等。但是，在平台商業模式中，傳統產業與其他產業的融合，並不僅止於採納新技術，或是科技手段的改進，更在於導入其他產業跨界整合之後，對原有的傳統產業能帶來本質的改變和提升。簡單說，這樣能夠徹底改變一個產業的玩法與價值。

比如服裝業是大規模工業化生產的典型產業，但事實上，每個人的體型不同、胖瘦有別、喜好各異，服裝本不該大規模生產，如果能夠幫助每個人量身訂做服裝，其實是最理想的狀態。

但長久以來，一件服裝從製作到完成，需要設計師、布商、打版師、生產廠家共同合作，還需要收集不同人的身材資料，才能量身訂做。而一個優秀的打版師，一天也只能製兩個版，製衣過程耗時耗力，根本不可能為每一個人設計、並生產獨一無二的衣服。這也解釋了，為什麼服裝業一直以來都是大規模工業化生產的產業，與個性化相背離且衝突。

然而，當傳統服裝產業使用平台策略開始跨界整合時，就改變了產業格局。目前深圳博克公司的「雲衣定制」，便在服裝業中整合更多高科技產業元素，如 3D 錄影機、小規模生產設備，引進協力廠商的軟體及資訊技術到服裝訂製平台上，並結合禮儀培訓產業，針對即將畢業的社會新鮮人、參加社交宴會的專業人士等，提供服裝風格諮詢、服裝訂製在內的個人形象解決方案，從而實現「訂製」、「規模化」、「平價」的平衡。

這樣的嘗試，不僅是在建立一個平台，更透過平台整合其他產業的跨界資源，改變原產業的做法，產生新價值。

平台實例

雲衣定制
聯合其他產業，成功轉型升級

在服裝業，絕大部分衣服都是規模化的工廠所生產出來，服裝訂製只屬於少數人的專利。

從消費者角度來看，每個人的身材條件各有不同，最理想的狀態是每個人都有為自己量身訂做、獨一無二的衣服。但是，如果要為每個人訂製衣服，就必須為每個人的每件衣服進行製版，而製版工作非常耗時

耗力，如果用手工或傳統 CAD（電腦輔助設計系統）方式打版，至少需要幾個小時甚至於一、兩天時間，效率低、成本高，這也是為什麼服裝訂製業發展不起來的原因。完成一件服裝需要設計、版型、布料、生產等多個環節，這些環節都是有機體的一部分，不可能為了單獨的消費者而拆開。

從另一個角度來看，服裝公司也有自己的痛點。由於大規模生產，服裝的庫存管理和商品調撥尤其困難，因為企業只能根據經驗，去估算一件服裝的需求量和需求的地域分布，如果評估失誤，就會造成沉重庫存壓力，或是供不應求，流失客戶。

如果服裝業能夠按需訂製、按需生產的話，似乎可以解決消費者和服裝公司雙方的痛點。前者有了獨一無二的衣服，後者則不用擔心服裝生產的庫存壓力。

開發服裝業相關軟體系統的博克科技，不同於服裝公司的立場，更能夠「跳脫框架」來看這個產業，並且找到全新切入點，博克科技試圖透過聯合服裝業、3D 技術、製圖等產業，實現資訊技術的「規模化訂製」。以平台模式改變服裝業的做法，推動產業升級[45]。

於是，博克科技搭建雲衣定制平台，解決服裝個性化和大規模生產之間的問題。消費者可以在雲衣定制平台上選擇喜歡的衣服款式和布料，根據網站提示輸入體型測量資料，大約一週後，就能收到量身訂做的衣服。

雲衣定制平台的特點在於：首先，引進大量的資料系統和軟體，簡化製版、裁衣和製作過程。消費者在網站上，上傳自身的三圍資料，外加正面、背面、側面等照片後，CAD 系統就可以自動生成符合客戶的獨

特版型，大大節省製版時間[46]。而且這個 CAD 製版系統可以和自動裁剪設備相連接，自動完成布料裁剪。

其次，設計師、布料供應方、生產工廠等多方參與者，都透過平台直接連結消費者，消費者可自由瀏覽喜歡的款式，選擇心儀的設計師，配合選擇布料與生產廠家，生產獨一無二的服裝。由於設計、版型、布料、生產等多個環節都是變數，所以最終組合出的服裝品項極為豐富。

因此，雲衣定制平台更像是一個製作加工市集，讓單個布料供應商可以服務多個設計師和工廠，同時單個工廠也可以服務不同消費者，而一個設計師的作品，更可以服務天南地北的許多消費者。這種多點對多點的方式，在多元化的基礎上最終產生規模效應，降低所有參與者的營運成本。

雲衣定制平台匯聚了設計師、工廠與布料商資源，實際上就是設計作品的展示場、客戶的人體資料庫，加上交易系統、支付系統、訂單系統、CRM 系統（客戶關係管理系統），消費者便可以在線上訂製、然後郵寄到家，或採取 O2O 模式，在線上訂製、至線下提貨。

當服裝產業引進自動化製版系統、自動裁剪系統後，大規模生產和訂製生產便不再是不可融合的矛盾，為服裝產業新闢一條創新之路。博克科技的雲衣定制平台帶來的啟示在於，當平台上結合其他產業的跨界資源後，對原本的傳統產業可能是全然不同角度的創新。

「智慧家庭領域」也開始投入跨產業的互助協作，一家公司不再只能

注重硬體、軟體，或服務其中的單一面向，那將無法帶給消費者全面智慧家庭生活的體驗與滿足，因為這是一個全新生態圈的搭建，平台思維強調連接各方的利益關係、鼓勵資源方共同投資並培育市場。無論是蘋果、海爾、還是美的集團，在搭建智慧家庭生態圈的過程中，都是邀請跨產業的企業共同參，而非只靠一己之力。

 平台實例

智慧家庭平台
產業跨界協同新時代，1 ＋ 1 ＝多

科技發展賦予家用電器更多的功能，電器可以用語音、手勢、或感應裝置控制，因此家電也有更多自動化和智慧化的意涵，企業更將此延伸至智慧家庭平台，將具有智慧功能的家用電器連成有機體，讓人們的家庭生活更為自動化、人性化。

不僅科技公司如蘋果、Google、微軟等全球大型企業紛紛投入，中國的百度、360 等互聯網公司也積極參與，還有一批新創企業如墨蹟、iKair、有品（PICOOC）等加入。更引人矚目的是，傳統家電企業如海爾、海信、創維、美的集團，也在這個領域十分活躍。

科技公司不再局限於開發軟體或是生產設備，家電企業也不再是單一的生產、銷售家用電器，這些企業都致力於為消費者提供一套完善的智慧家庭解決方案。兩種產業的企業殊途同歸，前者從軟體和科技設備的角度出發，後者從家用電器的角度出發，終點都是智慧家居平台。未來，甚至包括房地產商、物業公司、裝修公司等也會加入其中。

無論是科技公司、或是家電企業，都透過引進其他產業的合作者共同建造平台，實現智慧家居的多樣功能。透過跨產業合作，這些公司不再侷限於原有產業，進而打開新的發展格局。

蘋果 HomeKit 平台

2015 年 6 月，蘋果發布智慧家庭平台 HomeKit[47]，使用者可以透過 iPhone、iPad 和 iWatch 語音控制相關的產品。這些產品大部分都來自於其他公司，包括：

· Lutron 的燈光照明套裝：通過蘋果語音系統 Siri 控制燈的開關和亮度。

· iSP5 智慧插座：透過 App 應用插座控制智慧設備的開關。

· Elgato 的家用系列感測器：透過蘋果語音系統 Siri 監測空氣品質、煙霧、溫度、濕度、氣壓、門窗開關、電能和水使用情況。

· Ecobee 的智慧恆溫器：透過蘋果語音系統 Siri 控制室溫。

· Insteon 的中控及智慧家居套件：透過 App 應用控制開關、插座、溫控器、燈泡等。

顯而易見，蘋果公司的智慧家庭平台，不是靠一己之力打造，而是有多方的設備公司和科技公司的共同參與。

海爾 U+ 平台

海爾電器集團也嘗試號召其他公司和其他產業一起建立智慧家庭平台。海爾創立於 1984 年，從生產冰箱起步，拓展到家電、通訊、資訊

科技數位產品、家庭等多個領域。從 1999 年開始，海爾著手研發生產互聯網電器。2012 年前後，向智慧家庭平台進行轉型。

　　雖然海爾集團是一家頗具規模的家電製造商，但在智慧功能的開發上可能無法與專業的智慧設備公司相比，產品範圍也有所局限。所以，海爾的解決方法是透過其號召力，建立智慧家庭平台，聯合其他廠商一起為消費者提供全方位服務。

　　2013 年，海爾正式推出「U+」智慧家庭平台，在這個平台上，除了海爾，還有其他家電產品製造商，更包括專注於智慧產品和技術研發與營運的互聯網公司，如聯絡互動等企業共同參與。2014 年 10 月，在全球安卓（Android）開發者大會上，海爾展示的產品包括自主研發的智慧路由器、醛知道（甲醛測試）、空氣盒子（空氣品質測試）、天尊空調、海爾空氣淨化器、智慧烤箱、智慧插座、智慧門鎖、迷你滾筒洗衣機水盒子、淨水機、空氣淨化器、智慧控制中心（Smart Center）等產品。同時也包括許多協力廠商所開發設計，應用在海爾 U+ 平台上的產品，包括 GE 智慧照明、藍信康血壓計、習善坌空氣淨化器、土曼智慧手表、Risco 安防套裝、Power-tech 智慧插座、有品體脂儀等，總計約 40 多家協力廠商開發的 50 多種產品[48]。

　　海爾正嘗試從一個家電製造商，逐步轉型成為智慧家庭生態體系的打造者。而平台商業模式為這樣的嘗試提供更多可能性。

其他廠家的嘗試

　　中國另一家白色家電龍頭「美的」集團，它與海爾相類似，也選擇

對外開放的智慧家庭平台。平台上除了美的產品，也有美的與阿里巴巴、小米、華為等互聯網公司及資訊科技公司合作的產品。平台的理念同樣是生產製造商聯合其他生產商、互聯網服務商等，共同實現空氣品質檢測、水品質檢測、安防、能源等方面的智慧控制。

　　無論是蘋果，或是海爾與美的，都是由一家公司主導進行跨界整合，這樣的整合不僅是公司價值的提升，更提升科技業及家電設備業的附加價值，達到「1 ＋ 1 ＝多」的效果。

　　另一個跨界整合的例子是北京「漢能集團」。靠水力發電起家的漢能，原來專注於自己獨立生產產品（即建造水電站發電），但是，在 2015 年 7 月，公司面臨股票遭到停牌、資金吃緊、監管調查及市場產品限縮等危機，漢能想要改變經營狀況，積極找尋轉型方法，漢能認為不能再埋頭於產品，而要以開放的態度與其他產業合作。利用跨界合作，漢能把太陽能薄膜技術運用到各種民用、商用、農用場景，開發出諸如太陽能汽車等跨界產品。

平台實例

漢能控股集團
股價重挫，反而啟動轉型跨界合作

　　總部位於北京的漢能控股集團，是一家新能源企業，從水力發電起家，逐漸將業務拓展至清潔能源的開發，如薄膜太陽能發電、風電等

領域。組織規模龐大，員工達上萬人，業務更拓展至美洲、歐洲、中東、亞太、非洲等地區，曾獲 2014 年麻省理工學院《科技創業》（*MIT Technology Review*）「全球最具創新力企業」第 23 名的殊榮。

2015 年 5 月 20 日，漢能所屬的香港上市公司漢能薄膜發電集團股價暴跌，25 分鐘之內跌幅達 47％，從每股港幣 7 元跌至每股港幣 3.91 元，成為當天財經新聞頭條，之後，漢能股票在香港交易所被停牌。股價重挫背後的因素眾說紛紜，但是，這次的股價波動及隨後引發的各種資金和業務困境，讓漢能急切找尋解決方案，想改變公司業務和經營狀況，最終引發內部的反省與創新，企圖力挽狂瀾。

2015 年 9 月 29 日，漢能集團主席李河君在一場演講中提及，股價重挫事件像一把雙刃劍，雖然公司價值和形象大跌，讓股東和員工受到重創，但這也讓李河君和公司高階主管重新從策略角度審視評估內部業務情況，想找到突破困局的方法，因此發現了轉型的必要，只有改變思維，跨界與其他產業合作，才能將電能產業做得更大，走得更遠。也唯有轉型，漢能才能走出包括在營運、業績、財務、信任及管理等多方面困局。

過去漢能從事水力發電產業，習慣埋頭開發產品，疏於或不擅長與資本市場、投資者、上下游合作廠商及其他產業的客戶溝通。但當切入太陽能薄膜業務後，發現其技術可以應用的領域非常廣，薄膜發電產業鏈長，每一環節都有可發揮的空間，舉例來說，可以供電給一般家庭、農業、車船等對象及產業，也可以建立地面和行動的發電站，特別是薄膜晶片能夠製作成為輕便的行動電源，也有可折疊、易附加的特點，擁

有向不同產業跨界、共同開發的潛力。

於是，漢能開始以薄膜發電技術為核心與其他產業合作，提供差異化的「薄膜芯」解決方案，使產品在功能和應用上更具有技術含量。例如，共同開發太陽能背包、太陽能帳篷、太陽能充電寶、太陽能汽車、太陽能無人飛機等產品。

為了配合業務轉型，漢能在人力資源和組織架構方面，也同時進行轉型變革。原先漢能的組織模式是根據產業的上、中、下游進行分割，如今配合平台化的改革和跨產業的技術合作，成立 5 個新事業群：包括行動能源、柔性工業應用、柔性民用、分散式能源、漢能裝備，設置產品育成中心，提升內部員工活力等。

新成立的產品育成中心首席執行長王道民，提出「七創」概念，在平台上為內部的創業專案提供：創人（連接人才與資源）、創意（尋找市場需求）、創新（提供技術支援）、創造（創意的產品化）、創業（提供管道支援）、創富（融資）、創名（品牌推廣）等服務。在這樣的機制驅動下，研發出戶外救急產品，加上行動能源解決方案，這個戶外救急的產品團隊未來可能會成為獨立的公司，吸引外部投資等，並計畫申請股票上市。

漢能的人力資源部以 HRBP（HR Business Partner）命名，意思是人力資源部門應該要成為業務部門的得力夥伴，而不是輔助的執行者。所以 HRBP 負責人王淑琴從人力資源角度出發，開始推動業務上的變革，定期為業務負責人提供資料分析報告，在關鍵績效指標（Key Performance Indicators，KPI）指標中融入業務指標等。

　　例如在轉型過程中，人資部門合併後台管理部門，引進競爭工作機制，提升人才結構的合理性和效率。由人資部門領頭，計算後台服務人員「人均服務人數」與「成本投入產出比」，發現由於流程繁瑣和分工不清楚，人均服務人數遠低於產業平均水準，投入產出比遠高於產業平均水準，所以對員工人數進行精簡，並把人力資源、行政職能中的一些工作外包，還進行成本核算、人員統計、入轉調離等工作的資訊化。

　　競爭工作崗位機制則以一個事業群進行試驗，所有中階以上幹部歸零以後重新爭取工作機會，評委包括所有員工、外部專家與公司跨集團合作夥伴等，最後通過競聘選出該事業群的核心管理層。

　　在提升內部士氣方面，除了常見的引進外部投資者、給予員工股權激勵以外，相對創新的還有一種「搶單」機制。當轉型中出現新職位、職責或工作時，員工可以主動請纓，稱之為「搶大單」，人資部門會根據搶單情況，對員工重新進行工作職責評估，並參照市場標準進行工作薪酬的定價。

　　對漢能來說，「技術」和「組織」兩個平台意味著其轉型的兩根支柱，一個是引發轉型，一個是讓轉型得以生存立足；一個是技術上的轉型，另一個是組織上的配套。透過技術合作平台與外界連接，透過育成創新平台協助這樣的連接能在內部運轉。如此「技術＋組織」的轉型做法，足以成為一些技術型企業借鏡與參考。

從「賣產品」到「提供整體解決方案」的思維

在平台上進行跨界整合，其意義在於轉變企業經營者的思考模式，從「賣產品」的思維，轉變成為「提供整體解決方案」的思維。無論是蘋果、海爾還是美的，都已經跳出原本僅從事製造、提供產品給客戶的狹義思維，開始思考如何提供客戶整體解決方案。

要提供整體解決方案，有時候無法依靠企業一己之力，而需要跨界整合，將不同產業在一個方向上進行碰撞和激盪，進而探索出一條全新的產業創新之路。

以手機為例，曾經只是通話聯繫用，如今的智慧型手機不僅是一支用於通話的工具，更變成人們娛樂、社交、生活的入口，智慧型手機上的功能集結，符合在一個平台上提供「供需解決方案」的價值評判標準。蘋果沒有試圖製造一款應用技術超群的手機產品，而是透過手機應用商店 App Store，將蘋果手機變成一個開放式平台。在蘋果背後，有龐大的中小型軟體開發商，與蘋果一起滿足消費者需求。

與其說蘋果提供智慧型手機這個「產品」，不如說蘋果提供一個智慧「平台」，網羅諸多開發商來實現更多功能。而用戶對功能握有選擇權，可以下載自己所需的軟體，也正符合客製化的解決方案定位。

蘋果和諾基亞的手機之戰所帶來的啟示是，消費者需要的不僅是產品本身，更需要符合每個人生活軌跡，以及多元感受的立體化網路平台。

中國的影音網站「樂視」，在互聯網產業激烈的競爭環境下，面對騰訊、搜狐、優酷等互聯網龍頭的影音業務挑戰，不斷擴張業務的邊界，由一家影音網站向一個全產業鏈的生態系統轉型，為個人消費者和企業客戶

提供資訊、娛樂等多方面服務，形成「內容＋平台＋終端＋應用」的全產業鏈服務。

在內容上，樂視開始開發各種影視節目，成立樂視影業、收購花兒影業等公司。在硬體設備上，2013 年，樂視委託富士康代工生產一款 60 英寸、4 核 1.7GHz，外型時尚具有波浪底座的智慧電視，分為高級型號 X60 和普通型號 S40，當時的定價為人民幣 6,999 元和人民幣 1,999 元，相當於市面上類似性能和配備的電視機一半價格[49]。

在樂視電商上，消費者可以下載免費 App，播放各種影音和即時電視節目，如果想收看更高品質的節目和享受更多的電視資源，只要支付 TV 版服務費成為會員即可。

此外，樂視更快馬加鞭，開發包括超級手機、盒子播放機、路由器、手表、樂小寶兒童故事機器等一系列產品，甚至還計畫製造超級汽車[50]。樂視之所以投入硬體，並不斷開發新產品，就是想把公司所獲得的影音娛樂內容資源，應用在這些硬體產品上播放，兩者相輔相成。

另外，為了配合這些硬體和各種內容資源的使用，樂視還開發精品應用市場、瀏覽器、影音搜尋等應用，提升內容播放的最佳體驗[51]。

在樂視的策略版圖上，既有最基本的內容資源，也有用於播放內容的硬體設備和軟體應用。最後，在構建內容、硬體及應用的基礎上，樂視推出雲影音開放平台，讓個人和企業用戶都可圍繞影音主題，進行製作、上傳、編輯、轉碼、儲存、傳送、播放等操作，形成集「拍、傳、轉、存、發、播」六大核心基礎功能於一身[52]的「網路影音應用平台」。

樂視以技術為切入點，吸引用戶上傳、分享更多內容，從一個單純影

音播放網站，變成橫向覆蓋影音製作、播放和使用的全流程公司，縱向覆蓋內容、硬體、軟體到平台分享的多方面領域，為消費者提供更好的互聯網生活服務。

橫縱兩方面的擴張策略，讓樂視這家上市公司予人更多的想像空間。2015 年 10 月，樂視參與易到用車的 D 輪（第四輪）投資，金額 7 億美元，共同打造「娛樂＋電視＋汽車」的智慧汽車平台[53]。未來，汽車不僅是一種交通工具，更能變成一種生活工具，是人們生活的一個重要入口，在這個載體上，不僅能實現自動駕駛的夢想，還能有影音、音樂、影視、體育等多種娛樂內容。

台灣的研華科技從工業電腦起家，30 年來專注於研發、製造及自有品牌，展望未來物聯網的時代，研華不再定位自己只是生產工業電腦及工業自動化輔助產品的領先者，而是積極朝向搭建物聯網平台，提供企業一套邁向物聯網時代的整套解決方案，發展包括物聯網商城、物聯網社群、物聯網智慧雲等平台建設。

研華的例子，對於目前在細分產業裡有著領先產品的台灣企業來說，需要思考的是：持續當產業裡的「紅牌」，但要確保技術與產品能夠永遠領先，還是轉型成為「媽媽桑」，帶領行業集體向未來創新升級，然後從行業中眾多企業的成長中獲得回報。

所以，對傳統企業的另一挑戰是，如何進行跨界整合，從開發一個產品轉型為開發一整套解決方案的體系。

「賣產品思維」是傳統觀念，認為產品和服務是單一的，只要提供最佳產品就能夠滿足消費者。「多邊網路思維」是提供解決方案的新觀念，認

為產品和服務是聚集消費者的工具，企業可以只是組織這種資源聚集的平台，全方位的滿足各個群體的多樣需求。

　　在傳統「賣產品思維」中，企業以一己之力服務所有的市場需求，難免力不從心，也難以籠絡不同層級的消費者。但在「提供整體解決方案」中，企業是將各方資源納入自己建構的生態體系當中，透過網路效應聚集了各種供應商、服務者，共同為消費者提供價值。

決定平台邊界

　　多數平台為達到迅速規模化、滿足使用者全面需求，會選擇一種相對輕盈的擴張模式，吸引專業資源提供者參與。雖然在一般情況下，平台企業不需要親力親為承擔所有的服務功能，但身為生態體系的建構者，須承攬多樣職責，來為各方加值。比如，建構者需要研究在眾多的服務專案和職責中，哪些可以開放給外部，放手讓其他人承擔，哪些又需要掌握在手中，由自己帶頭完成？這是平台打造者明確自身信念和職責的必要過程。

成功平台立基於合作共贏信念

　　成功打造一個平台，最關鍵的是企業內部要有合作共贏理念，與平台參與者共同把事業做大。所謂平台，就是邀請他人一起來成就事業。所以，平台企業家一定要有開放的心態，這是平台能否做大和最終能否成功的關鍵。

　　平台的核心價值訴求包括「直接連接」、「激發多元」與「協同整合」，這一切，都不是靠單一企業可以完成。平台的價值就在於打造一個生態體系，匯聚各種可能的參與者力量。如果埋首於自己的小圈子，什麼都想自己做，那不是平台；如果想要壓制自己的合作者，那也不是平台；如果想要自己擴張做所有的產業專案，那更不是平台。

　　在最初設計、建立、成長的過程中，平台建構者要抽出身來，客觀的看待自己與平台上各個「邊」的關係。這些「邊」，便是平台所服務的不同群體，是輔助平台成長最關鍵的元素，只有把這些群體利益放在首位，才能獲得長久的多贏目標。

平台實例

阿里巴巴集團
不與商家爭利，創造多方合作共贏

　　從阿里巴巴集團的發展，我們從中能看到其平台價值觀逐步成熟的過程。「讓天下沒有難做的生意」，是阿里巴巴一直堅持的目標，也反映多方共贏的平台理念，就是以包容的胸懷與商業夥伴一起共創天下。

　　阿里巴巴在商業版圖的建構中，沒有遵循傳統商業世界「你死我活」的思維模式，而是早早就提出平台上各家參與者「合作共贏」的概念。阿里巴巴集團創辦人馬雲曾在一次訪談中強調，要成功就要拋棄帝國思想，就要有承擔責任的精神和透明開放原則。

　　與競爭對手 eBay 不同，阿里巴巴旗下的淘寶在創立初期，就破天荒推行賣家免費，讓市場大為驚訝。人們無法理解，竟會有人願意提供

免費的服務。當然,這是淘寶的策略之一,透過補貼原本產業收費方式的策略,以免費為誘因來改變使用者習慣,吸引市場挪移到淘寶的生態體系下。但是,能夠毅然決定實施此一創舉,確實需要創辦人在心態上,堅信「互利」能帶來新業態的共同成長茁壯。

阿里巴巴「共贏策略」的另一個例子,是 2013 年「支付寶」停止實體店面 POS 機(銷售終端)業務。原因有二,一方面因第三方支付的政策風向不明朗,另一方面是支付寶可能會與實體銀聯等金融支付機構正面交鋒。於是,阿里巴巴退回虛擬網路,不再為了眼前利益而強行擴張,而是等待發卡組織、商業銀行、非金融支付機構等產業的合作條件更加成熟,再一起做大金融支付的「大餅」,使得融合發展的空間更為廣闊。儘管在淘寶成長過程中,團隊也曾開發可立即獲利的產品,但被馬雲叫停,認為與商家爭利不是平台該做的事。

透過觀察阿里巴巴集團的發展史,也許能夠察覺到多方共贏理念的逐步發展過程。

1995 ～ 1999 年:前阿里巴巴時代

當時互聯網剛興起,馬雲創立中國黃頁、網上廣交會、中國商品交易市場等資訊交流的網站。其實,平台概念在此時已開始萌芽,其業務主要針對交易資訊的交流建立平台,為未來電子商務業務奠定基礎。

1999 ～ 2009 年:電商時代

這一階段,是平台價值觀逐漸成形的階段。開啟電子商務業務,建

立「淘寶網」交易網站，布局「支付寶」，更結合中國其他集團合組「菜鳥網絡科技公司」，建立菜鳥物流體系等。這一連串的舉措，都是在努力提升平台自身的服務和職責，以更好的服務幫助平台的業務運轉，讓中小企業商家獲得成長，走出國門。

2009 ～ 2014 年：生態系統

2009 年開始，阿里巴巴集團多次調整組織結構[54]。2012 年 7 月，集團宣布調整內部事業群，組成集團 CBBS（C2B2B2S，即消費者、通路商、製造商、電子商務服務提供商）大市場，由事業群獨自面對市場。7 大事業群在集團內部被稱為「七劍」，分別是「淘寶」為 C2C（個人對個人）網購平台、「天貓」為 B2C 平台、「一淘」為開放式購物搜尋和消費者反利（註6）平台、「聚划算」面向團購領域、「阿里國際業務」負責中小企業的海外發展、「阿里小企業業務」負責中小企業的電子商務服務、「阿里雲」負責所有雲計算相關的業務。

另外，還有支付寶、阿里金融兩家獨立子公司。這次組織架構的調整，打破原有部門結構，進而以事業群形式在大平台中創造更多小平台，以形成廣大的生態系統。馬雲在發給全公司的郵件中指出，設立 CBBS 大市場體系，是為了提升對平台雙邊客戶的服務能力，尤其是針對小企業和消費者，以期待能夠幫助小企業度過經營、生存等難關，同時讓更多消費者受益於互聯網時代的豐富生活，「最終促進一個開放、協

（註6）反利：指在淘寶上購物達一定金額，可回贈消費者現金。

同、繁榮的電子商務生態系統。」[55]

2013 年 10 月，阿里巴巴集團再次調整業務架構，成立 25 個事業部，具體事業部的業務發展將由各事業部總裁（總經理）負責。具體分別是共享業務、商家業務、阿里媽媽、一淘及搜索、天貓、物流、聚划算、本地生活、旺旺與客戶端、資料平台、阿里雲、音樂、航旅等事業部。阿里巴巴強調，由這些獨立小公司（事業部）來面對市場和挑戰，可以變得更靈活透明，更開放協同。按馬雲的話來說，就是「希望使我們的生態系統更加市場化、平台化、資料化和物種多樣化，最終實現『同一個生態，千萬家公司』的良好社會商業生態系統。」[56]

綜合上述阿里巴巴集團的發展史，正是平台價值觀的發展史：從平台的基礎概念「資訊交流」，到清晰的平台策略，打造阿里巴巴淘寶電商事業；到進一步發展平台價值，由小公司小事業部面對市場，直到在大平台生態圈下創造更多小平台，共同面對市場。

在阿里巴巴的 KPI 考核評估層面[57]，也處處體現價值觀的重要性。阿里巴巴的考核分為兩個部分，除了業務指標，還對員工價值觀進行考核，並占有一半權重，以確保員工與公司價值觀的一致性。

業務指標由 3 大角度構成：第一個角度是「創新」，以案例制進行考核，不考察一個具體數字，而是看員工具體做了什麼創新的業務或行動。第二個角度是「協同」，阿里巴巴要建設生態系統，需要 25 個事業部緊密合作，各事業部的利益緊密相關，只有協同和合作才能共贏；透過考核，幫助員工審視自己為其他事業部提供什麼協助。第三個考核角度是「今天和明天」，考察員工為明天做了什麼準備，為未來打下什麼基

礎。具體評估員工做的準備會對未來帶來什麼影響，即便在目前沒有發揮直接作用，也沒有經營業績和數字上的變化。顯然，這些做法符合平台搭建所需要的長遠思維。

發揮核心優勢，找到價值定位

雖然平台講究合作共贏，但也有主從之分。做為建立平台的企業，必然有自己的優勢或是專長，這是平台產生號召力並聚集使用者的關鍵原因。簡而言之，對於有能力做、且擅長做的事情可以自己做，這是平台優勢的泉源；如果暫時沒有這些優勢，就要在確立平台架構時，規畫好自身希望發展的優勢，努力為未來創造出優勢。

一般而言，企業希望轉型為平台，往往已經擁有一項或多項優勢，同時借助於平台加強這些優勢，包括：

市場地位：市場占有率的領先者，或是產業主要供應商、產業標準制定者。這些企業是產業指標，能夠影響產業走向。

用戶基礎：企業已擁有大量用戶基礎，通常這些企業對市場需求有深刻理解，能在建立平台體系的同時，透過建立需求誘導機制來迅速導入用戶，豐富平台。

技術手段：企業擁有先進且創新的技術，能快速引領產業從傳統模式轉型平台模式，而這些技術往往具有突破性，如自動駕駛、人體資料採集等。

產品能力：公司能夠設計與生產卓越的平台產品和服務，透過獨具一格

的設計，吸引眾多使用者進入新創平台。

營運能力：公司營運的水準高，能掌控較低成本、優秀人才和非凡的執行力，便能在平台化轉型時快速的實施策略。

對平台模式的理解能力：能夠迅速脫離傳統思維的從業者，了解世界變革的方向，快速找到與資源方共贏的機制，掌控新的商業模式契機。

比如，同樣是打造房地產資訊平台的企業，「搜房網」和「房多多」由於握有的優勢不同，所以各自的策略定位也有所不同。

搜房網的優勢，在於早期生成的大量買房群體流量，因此定位在房屋資訊網站，主要營業收入依靠賣方廣告費。就是出售房子的一方發布房屋資訊，搜房網會收取廣告費用，並透過廣告、業主論壇、看房團等方法，增加買房一方點擊網站的頻率。相對的，也會有更多仲介和房東在網站上發布房屋資訊。

因為搜房網買方群體流量的優勢與定位，它逐漸與賣方形成緊張對立關係——在買方流量增加的過程中，搜房網嘗試用各種方法，如房屋排序規則等方法提高賣方、仲介更多的廣告費用，導致很多仲介業者的行銷成本增加，而仲介業者也覺得廣告花費多，卻不一定增加房屋最終成交量，因此搜房網在中國遭到房地產仲介的聯合抵制[58] 另外，因為搜房網在賣方並無優勢，做為資訊發布網站，並不對房屋來源的真實性負責，因此，出現仲介只為吸引客戶上門而造假的釣魚廣告，造成買方群體的不良體驗。

房多多則與搜房網不同，房多多把自己定位為房地產的交易平台（而不只是資訊發布平台），並和房地產商以及仲介建立良好關係，營收來源是房產成交後的佣金抽成。由於房多多非常重視與房地產商、地方仲介的合作

關係，雖然同樣是利用網路引流，卻擁有一群龐大的地面業務人員，遍及中國近 40 個城市，以推動與房地產商及仲介商的合作，同時，房多多也提供智慧行動終端（如手機）給仲介人員，依據歷史資料統計客戶偏好、合理成交價格等資訊，賦能給仲介人員幫助其快速成交，提高收入。

搜房網因其廣告銷售驅動模式被仲介公司聯合抵制，處境尷尬；而房多多利用大數據、智慧終端等技術手段，加上產品開發能力及地面營運能力，提升合作的仲介業者的能力，並在交易成功後，才向房產開發商收取佣金，並迅速完成與仲介公司的佣金結算。搜房網與房多多兩家公司不同的平台能力布建，以及與仲介公司不同的合作方式，最終帶來了截然不同的結果。

接下來，我們再來看淘寶平台角色定位的發展過程。一方面，淘寶根據自己的優勢和市場變化，為賣家提供培訓和基礎設施服務、發展賣家工具促成買賣交易、主導品項結構分類引導商品升級、延伸平台抓住不同層次的客戶，在這些領域建立核心競爭力，嘗試為合作者、參與者和客戶提供價值。

另一方面，淘寶平台自己不採買、不積壓庫存，不與賣家爭利，讓賣家去做商品開發、行銷規畫、售後服務等，透過激勵賣家的積極性，讓賣家願意投資資源、承擔責任，最終形成了萬馬拉車，而非車拉萬馬的良性循環。

平台實例

淘寶
不斷優化平台，塑造核心競爭力

淘寶在發展過程中，不斷找尋平台的優勢和核心競爭力，依靠不斷完善的服務形成生態圈，成為中國最具競爭力的電子商務網站。淘寶承擔的角色包括：

培養賣家，提供培訓和基礎設施支援：淘寶組織商家去採購商品，也為商家的店鋪設計、商品介紹、客服銷售等提供培訓資源，更與順豐、圓通等第三方物流商合作，提升出貨速度和品質等全方位物流能力。

這些本是商家職責所在的環節，經由淘寶統一提供配套，不但節省成本，也達到更高效率。淘寶對規模市場準確的營運判斷，讓淘寶平台得以引領眾多商家一同發展。

設定平台規則，促成買賣交易：在發展過程中，淘寶利用資金、人才和資源優勢，不斷開發有助於平台生態圈發展的工具，並建立規則（如退貨換、促銷、支付方式等），協助買賣雙方之間的交流。

比方支付寶的創建，便解決網購中支付的誠信問題。2003 年，淘寶與易趣（eBay）商戰正酣，當時電商發展受限的原因之一，就是交易雙方採取線下銀行匯款方式耗時費力，買方擔心付款後收不到貨，而貨到付款的形式對賣家又有相當風險。2004 年，電子支付工具「支付寶」的上線，最大限度的承擔了「擔保交易」功能。在買家收到貨品前，資金都保留在淘寶，直到買家滿意後，帳款才會支付給賣家，充分化解買賣雙方的交易風險。

　　除了支付寶，即時通訊工具「淘寶旺旺」的上線，也助推了賣家和買家之間的交流，並記錄雙方溝通內容，為可能產生的糾紛留下處理憑證。之後，淘寶不斷開發各種網路工具，如「一淘」比價搜尋功能，「花唄」貸款功能，「餘額寶」理財功能，「運費險」保險功能，「聚划算」團購功能等。

　　主導品項結構分類，引導商品升級：淘寶平台上掌握大量的後台交易資料，能夠判斷消費者的動態和購買傾向。平台在電商品項結構的變化升級過程中，起了主導作用。就像一家大型購物中心，在招商時需要明確各個類別的商品，以及想要引進的目標品牌。淘寶透過大量的交易數據累積與分析，掌握對市場消費動向的了解，逐步引導商家擴大產品品項。

　　如果我們回憶一下在 2003 年的淘寶，會發現當時商品主要是服裝配飾、電子產品、家居用品等。但到了 2014 年，你會發現，淘寶上出現生鮮、旅遊、保險、生活服務（繳水電費、裝修、月嫂、婚慶）這些品項，甚至還出現一些小眾產品，例如越洋團購德國大閘蟹、集資買土地、眾籌拍電影等。經營了 10 多年，淘寶的產品項目變得越來越多樣，幾乎涵蓋所有人們需要和想要的物品。

　　區分平台定位，抓住不同層次的客戶：淘寶透過推出商城（淘寶在 2008 年建立淘寶商城，2012 年正式改名為天貓），對平台上的產品服務進行層次區分。在 2012 年，天貓平台剛上線時，對入駐商家品質要求更高，必須提供 100％品質保證的商品，在 7 天內無理由退貨的售後服務，以及購物積分折現等優質服務。到了 2014 年，天貓平台開始引進國際大牌，包括美國化妝品品牌雅詩蘭黛、英國精品服裝品牌巴寶莉

（Burberry）[59]。2014 年 2 月 19 日，阿里巴巴集團宣布天貓國際正式上線[60]，直接供應中國的消費者海外原裝進口商品，從海外直接寄送，清楚區隔原淘寶平台上由中小企業或個人賣家所組成的定位。此舉幫助消費者便於選擇更適合自己的平台購物，各取所需。

　　當引入外部參與者時，伴隨規模擴張而來的，便是品質控管上的隱憂。如何在成長過程中不斷優化平台生態，是平台操盤者必須一直面對的挑戰。

　　即便是在同一個產業中，同樣是平台商業模式，平台本身的價值定位與發展路徑也各有千秋，變幻出平台獨具的特色。

　　讓我們再來具體看一下 3 個全球開放創新平台的比較，這幾個開放創新平台的優勢和能力各不相同，所以角色定位也有所不同。開放創新平台幫助許多如寶僑（P&G）、聯合利華（Unilever）、飛利浦（Phillips）、禮來（Eli Lily）、美商奇異（GE）等公司突破內部研發能力的局限，與外部專家資源合作開發新產品、新技術。

　　InnoCentive 扮演諮詢協助角色，幫助尋找創新解決方案的企業、政府、機構等，分析並定義其想要解決的問題，然後協助發布給能夠提供創新解決方案的資源方，比如科學家、工程師、大學教授、實驗室裡的研究人員等。NineSigma 因為十分了解市場上的創新動向，能夠幫助需要創新解決方案的客戶，找到合適的技術方案提供者，促成交易。Quirky 因為發展了生產廠商的資源、能夠幫助創新的點子，從市場驗證、產品試製到商業

化生產的全套流程。

開放創新平台
不同的創新平台的角色對比[61]

　　InnoCentive、NineSigma 與 Quirky 都是全球知名的開放創新平台，為「需要創新解決方案」和「能夠提供創新解決方案」的群體之間，提供解決方案或新技術，不同於封閉的企業內部研發部門，它們具備對外開放，吸收外部創新資源的能力（見圖 2-5）。

圖 2-5　開放創新平台示意圖

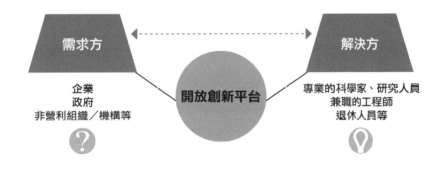

　　上述三家平台企業雖然模式相似，連接的雙方也相似，但是平台的角色卻不相同。

　　InnoCentive 創立於 2001 年，總部在美國，是由禮來製藥公司的幾個員工所創辦，最初的一筆資金也來自於禮來。嚴肅正統的背景影響

InnoCentive 平台的構成，主要是一些比較學術的科學問題，涵蓋生命科學、化學、物理、工程設計、數學、電腦等領域。

平台的一邊是諸如陶氏化學、洛克菲勒基金會、美國國家航空暨太空總署（NASA）等公司和組織；另一邊是科研工作者、教授、學生、工程師、退休人員等專業人員。

所以 InnoCentive 將自己定義為諮詢協助者，具體參與需要創新的企業、政府、非營利組織等工作中，了解對方需求，幫助撰寫需求報告，甚至定義組織中存在的問題。InnoCentive 把平台觸角延伸到需求方的營運內部，了解需求方（公司）的策略及具體業務，幫助對方定義並且描述想要解決的問題，在某種程度上扮演諮詢者角色。

NineSigma 也是一家美國創新平台，誕生於 2000 年，創辦人為默赫蘭‧默赫瑞迦尼（M. Mehregany）教授。最初，該公司主要活躍在工程領域，常和全球 500 強及跨國企業合作，定義在交易撮合者和需求方創新解決方案的採購合作夥伴。因為 NineSigma 十分了解大公司，也知曉市場上有哪些能夠提供創新的組織和個人，了解並熟悉市場上的創新動向，能夠幫助需求方（公司）從組織外採集各種創新想法、技術、產品及服務，以找到最合適的內容。

Quirky 同樣誕生在美國，但是較為年輕，只有 6 年歷史。創辦人班‧考夫曼（Ben Kaufman）熱中於研究各種發明創造，想把這些創意商品化，所以 Quirky 更像是一個外包公司，把創意、生產、銷售等環節外包給不同的參與者，將自己定位為商業運作公司，任務是幫助一些創新尋找投資，成為一般人可以消費的商品。曾經輝煌一時，Quirky 已於

2015 年 9 月宣布破產，但是精準的市場定位，還是募集到約 1.7 億美元的資金[62]，投資者更不乏凱鵬華盈（Kleiner Perkins Caufield & Byers，簡稱 KPCB）等知名的風險投資基金。Quirky 網站上曾有一款著名產品「旋轉插座」（Pivot Power），更賣出了 60 多萬個[63]。

　　這 3 家公司同處於開放創新領域，雖然其平台角色各不相同，但都走出自己獨創的道路。所以，企業在轉型過程中，透過尋找自己的優點和特色，確定核心競爭力，將幫助平台更清晰的認識自己該專注做什麼業務。

界定邊界，篩選平台合作者和參與者

　　傳統企業轉型時，除了發揮自身的核心優勢，打造平台的核心競爭力，還要判斷如何引進合作者和參與者。合作者是指平台上未開放的「邊」，需要平台方細心挑選，比如支付寶的基金業務交由天弘基金打理；參與者是指平台上開放的「邊」，平台對這些參與者並不作深入的篩選，而是鼓勵參與者自主加入平台，形成生態系統與規模效應，比如淘寶上的各個賣家。

　　在這裡，我們主要說明如何篩選平台的合作者，以及如何把服務和職責交給合作者來承擔。

　　為了平台的成長，平台上有一些職責和工作必然得交給外部的合作者，在判斷哪些事物應該交出去時，有兩條標準可以依循：「專業效率」和「交易成本」的權衡，「價值創造」和「價值獲取」的平衡。

　　首先，所謂「專業效率」，是指某廠商專門營運一些活動，透過規模經濟或者學習曲線的效果，提供比其他非專業廠商更加優質、低成本的產品或服務。這意味著當平台遇到非自己專業的工作，沒有辦法取得低成本營運或高品質產出的效果時，應該外包給合作者來從事生產與營運。

　　而「交易成本」的觀點認為，如果產品或服務是由兩個獨立的組織分開生產，再通過市場化的交易整合在一起，交易過程中可能會產生搜尋成本、監管品質成本、違背契約的機會成本，以及利益分配的談判成本等。當這些交易成本過高時，平台應該把這些活動內部化，由自己來做，而不是找合作者來做。

　　結合這兩種觀點可以發現，平台的「邊界」取決於專業化分工帶來的效率性，以及獨立組織間交易成本大小之間的權衡。因此，平台如果能夠找到專業生產的合作者，同時與合作者理念一致、溝通順暢，且信任度強，這就是最佳選擇。

　　例如，阿里巴巴的螞蟻金服在打造金融平台初期，並未建立自有的阿里金融團隊。即使阿里巴巴在資金、人才方面已有儲備，依然選擇與金融機構合作，如建設銀行、天弘基金等，將金融這部分的新業務交給更專業的單位來做，與這些合作者維持緊密的溝通與合作關係。

　　其次，平台在發展過程中，都會面臨「價值創造」和「價值獲取」的平衡問題，當平台認同價值創造的思維比較重要時，平台會傾向邀集各合作方一起投資，讓生態圈的集體成長，能夠創造終端使用者更大的價值。但是，當平台著眼於「價值獲取」思維時，就容易把合作者看成分享價值的敵人，甚至缺乏安全感，認為自己生存遭受威脅，而封閉平台，進而傾向於

讓平台自身多做工作。

再以螞蟻金服為例，2015 年中大舉跨進本地生活 O2O 領域，希望支付寶成為消費者在選擇本地生活服務的入口，其背後考量，可能是因為其他本地生活平台，如大眾點評、美團、58 同城都在發展各自的支付系統，為了保衛自己長期發展的競爭優勢，或價值獲取的可能，必須從支付平台積極跨越到各種應用場景，培養自己的用戶。

但此舉也造成螞蟻金服與大眾點評、美團、58 同城等本地生活平台的直接競爭或斷絕合作。螞蟻金服原本勾勒的大金融生態圈的整合時程（以累積大量信用為數據基礎，利用技術與大數據為工具，投資理財、借貸、支付、農村、國際化為應用場景），有可能因此而受影響[64]。

當平台與其他各方已具規模的專業平台競爭時，或許可以擁有自身收集的小數據，但卻可能失去原本在合作關係下，可以獲得的整個市場的行為大數據，因而減緩搭建一套覆蓋全中國完整信用體系的發展。

這個例子顯示，平台在發展過程中偏重「價值創造」或「價值獲取」的思維，會影響平台當下的策略行為，因此平台創業者應時時思考，自己為平台所確立的長期目標及價值定位，才不至於在過程中有所偏離。

接下來，我們以「美樂樂」家具網為例，說明平台企業如何判斷，要把業務交給合作者和參與者，發展平台本身的職責和角色。

美樂樂是一個家具電商網站，從線上到線下擴張的過程中，透過從垂直模式過渡到平台模式，逐漸區分出不同業務，一些業務交給外界的參與者和合作者，一些業務自己來做，最終實現有系統、有計畫鞏固平台的地位和優勢。

平台實例

美樂樂家具網
確立平台業務內容，轉變職責角色

家庭裝潢裝修是一樁非常複雜繁瑣的工程，不但因為產業非常分散，還在於整個價值鏈很長。從決定裝修開始，屋主需要思考以下問題在於：確定房子的風格和預算；選擇設計師，完成設計圖；找到合適的施工團隊；購買建材，進行裝修；購買裝潢產品，完成整體裝修。

所以，在裝潢時，屋主需要了解 3 個層面的知識：首先是了解資訊：了解不同的風格、裝修的經驗，以及設計師的選擇和評價。其次是購買服務：篩選並簽訂合約，選定設計師及裝修團隊。最後則是挑選實體產品，購買建材、家具及家居裝飾用品。

成立於 2008 年的美樂樂在發展過程中，逐漸確立平台的內容和邊界，把一些業務交給合作者和參與者，一些業務自己做，建立平台優勢，並與合作者聯盟，發展平台規模，用垂直與平台的模式，將了解資訊、購買服務和挑選實體產品等內容納入美樂樂體系中 (見圖2-6)。

圖 2-6　家具零售垂直電商示意圖

　　美樂樂的縱向發展：美樂樂剛起步時，只是一家垂直模式的家具零售電商，出售如衣櫃、沙發、桌椅等家具用品，僅引進電子購物的新概念，這與京東自營部分相似，美樂樂的業務模式是低買高賣，賺取價差。

　　在發展過程中，美樂樂逐漸發現垂直模式勢單力薄，特別是在集客戶方面尤其不利。前有淘寶這樣的大平台，後有京東這樣的垂直綜合電商，競爭非常激烈。因此，美樂樂開始從垂直模式向平台模式轉型，吸引商家及品牌進駐，並從家具業務衍生更廣泛的居家領域，品項擴展到布藝織物、床具用品、擺件飾品、廚房收納等領域，希望透過平台擴大在居家產業的影響力，聯合價值鏈上下游更多的業者，一起為客戶提供居家解決方案。

　　在轉型過程中，美樂樂逐漸形成「家具城」、「建材城」、「家居裝飾城」和「裝修網」幾大區塊[65]。

　　「家具城」區塊自己做：因為家具的品質、送貨安裝等服務對客戶至關重要，委託外部合作者監管成本高，且美樂樂在家具產業深耕已久，擁有專業能力，所以，美樂樂採取自己經營家具產品的模式，對產品和服務擁有比較大的掌控權，以確保為客戶提供優質的服務。雖然美樂樂也開放電商平台給協力廠商，但網站上大部分商品，仍由美樂樂自行經營並配送。

　　「建材城」、「家居裝飾城」區塊開放商家參與：相較家具、建材產品和家居裝飾用品的結構複雜，產品專案數 SKU（Stock Keeping Unit，即最小存量單位）豐富，供應商眾多，價格區間多樣、層次不齊。所以，美樂樂選擇創建開放平台，讓第三方賣家來參與。美樂樂相當清楚自己

的能力範圍，讓參與者一起經營這部分延伸的業務，共享客戶群，共同把平台做大，由此平台的聚集效應、網路效應得以發揮[66]。

「**資訊服務**」邀集合作者做：除了家具、建材和居家裝飾以外，美樂樂發現裝修討論、樣品屋圖片等資訊，是幫助消費者決策的重要關鍵，而設計師也會參與家具和家居用品的選購，提出採購建議。所以，美樂樂開闢「美樂樂裝修網」，在既有的房屋使用者基礎上，發展設計師用戶和裝修公司用戶。美樂樂將設計師和裝修公司視為合作者，對其進行嚴格的品質審核和篩選，以提供屋主具有服務保障。

最終，這幾方群體聚集在美樂樂裝修網上，透過不斷互動，形成良性循環。使得美樂樂成為屋主、設計師、裝修公司喜歡造訪的網站，為其銷售業務，即家具城、建材城、家居裝飾城等導流提供極大的便利。

沿著時間軸，從美樂樂的縱向發展過程中，可以明顯看出從傳統產業向平台化轉型的過程中，企業是如何鞏固自己的優勢並開放平台，擁抱其他合作者的做法（見圖2-7）。

圖 2-7　美樂樂平台生態圈示意圖

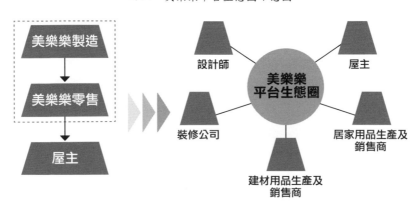

　　成功企業的領導人要懂得分配權力。同樣的，打造平台商業模式也需要授權，即使平台企業本身的能力十分均衡，在各方面都具有優勢，也應該放手讓各種合作者、參與者共創共享，才能形成良好的生態圈。所以，平台企業要懂得「斷、捨、離」[67]，要有果斷的心態，有決心把業務交出去。

　　平台初衷是多個事業單位的共生共贏，所以在建立平台時，應彰顯合作共贏的概念，因為這不僅是一種理念，也反映了平台的本質：是一種媒介，也是生態系統的架構者。如果承載太多職能，平台就會被拖累，失去宏觀優勢，而透過分權，平台得以保持相對中立，在配置資源方面便更具功效，進而讓所有的合作者、參與者都願意長期在此平台合作發展。

　　如果企業只是固守自身疆域，就算營運得再出色，也是局限在一個有限的範圍內，正所謂「得了面子，失了裡子」。而遵循平台策略理念，進行開放則可能擁抱更大的世界。

　　所以，平台企業在確定自己的職責時，既要抓牢自身優勢，守住城牆，又不能封閉鎖國，被人反客為主。這是一個了解自己、先做減法、再做乘法的過程。

　　第一步，了解自己：傳統企業要圍繞原有優勢，加強能力，形成平台化轉型的核心競爭力。

　　第二步，先做減法：敞開胸懷，接納合作者與參與者，開放一些職能，為企業本身減輕負擔。

　　第三步，再做乘法：引進合作者和參與者之後，要為他們創造機會與連結，形成平台生態圈，進而實現萬馬拉車、快跑前進、共生共贏的效應。

小結：

解構價值鏈，設計新的平台商業模式，是傳統企業轉型的第一步，在分析產業上下游的基礎上，仔細的識別和選擇，運用「保」、「斷」、「增」等步驟，辨識應該保留的部分，捨棄需要斬斷的環節，進而帶來創新內容。

解構價值鏈的過程，也是加深對平台商業模式理解的必經之路。轉型企業可以運用「直接連接」、「激發多元」、「協同整合」等做法，幫助企業去除資訊屏蔽、效率瓶頸、高成本環節，讓連接變得更加順暢；或幫助企業活化資源、分割資源、為資源排序，達成共創共享，激發多元的服務內容；抑或是用協同整合來創造生態圈，開放資源、進行跨界，達成上下游、同業的和諧共存與發展。

解構價值鏈的過程，也是進一步加深認識自身實力，並且布局未來的過程。透過這個過程，轉型企業更加了解自己，更明白未來的方向，在平台時代中找到自己的定位，既進一步發揮專長，又有包容之心，開放地盤，賦能給優秀的合作者共同參與，共創未來。

所以，解構既是改變自己，也是改變他人，或者說，當我們自己維持原地不動，而同行友商先解構了產業架構，成功改變自己，也將是對我們的顛覆與淘汰。商場就像是永無止境的競賽，掌握本章所闡述的這些方法，企業將能有一套完善的、由內而外的平台化轉型的規畫和構想，進而引導著平台化策略逐漸落地。

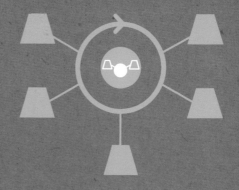

第 3 章

平台化轉型的
組織調整

　　傳統企業走向平台模式轉型的最大挑戰，在於必須承擔原有業務的資產與負債情形下，又兼顧新平台業務的發展。這與初創企業白手起家建立新平台不同，「轉型」意味著新模式與舊模式之間，有千絲萬縷的關係需要梳理，也代表新平台與原有舊的業務模式可能會互相促進成長，或者競爭替代。在此過程中，企業應該利用內部、還是外部的資源來進行轉型？企業與內外部利益相關者的合作關係將如何轉變？組織內各單位間的關係，應如何重建、加強或削弱？如何調整組織架構來處理原有業務，並展開新業務？上述問題皆是本章的重點。

　　企業平台化轉型的過程中，典型的問題包括：

　　企業內部的新平台業務、原有業務應該如何梳理？是否會產生協同和衝突？

　　若新平台業務和原有業務相互替代，該如何設計組織架構？

　　企業與外部合作者的關係如何變化？轉型過程需要依賴內部、還是外部的資源？

　　若平台提供的是全新業務與模式，是否要成立新組織單位來負責平台業務？

　　企業想做的平台構想，市場上已經有公司在做，是否還要自己做？

　　針對這些問題找到好的答案，將關係著企業高層設計的「平台化轉型策略」最終能否落地。而這些轉型議題背後所隱含的重點，就是對組織架構調整的探索。所以，所有討論都可以被簡化聚焦在兩個問題上：

　　第一，新平台組織業務與組織原來舊業務的關係如何？例如，平台的搭建過程中，可能利用原有業務累積而迅速成長，或者平台發展後會取代

或延伸原來組織的業務。

第二，新平台組織的建立，準備完全依靠自己內部的力量從零開始，還是打算與外界已有的資源合作？簡言之，就是在打造新的平台組織時，要借助更多外力，還是可以依靠內部現有的人力、物力與財力？

依循上述兩個問題，我們發展出兩種維度的分析架構：

第一個維度是「平台新業務與原有舊業務的協同程度」（以下簡稱業務協同程度），衡量新業務與原有業務之間是否會出現協同？是相互增長、相對獨立，還是產生衝突？

第二個維度「建立平台的資源依賴」（以下簡稱資源依賴），即衡量建立新平台組織的資源來源，因為有些平台是由轉型企業自行建構，有的則借助外力，包括與外部現有的平台合作，以期快速達到轉型效果。在這兩種維度交叉之下，共有 4 種平台轉型的組織架構設計 _{（見圖 3-1）}。

圖 3-1　4 種平台化轉型的組織架構

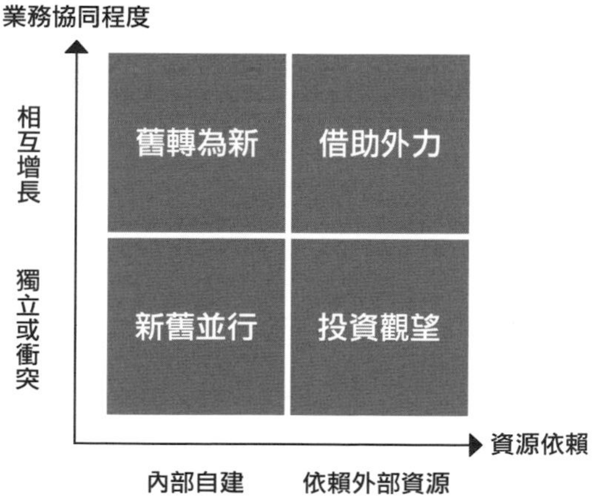

第 1 節

新平台與原有業務的
協同關係

　　傳統企業進行平台化轉型要考慮的第一個維度，是分析新平台和原有舊業務之間的協同和衝突。這有助於傳統企業在進行轉型時清楚了解，是否要把新平台和原有業務進行分割？原有業務如何利用協同效應，幫助並扶持新平台發展？如何避免衝突阻礙新平台的業務發展等。

找到新平台、原有業務協同點，共同成長

　　當傳統企業決定平台化轉型時，手中握有的底牌並不少，有諸多無法替代的資源。畢竟在商業社會中廝殺多年，歷經大風大浪，產品在市場上也得到認可，財務方面也有成熟的獲利空間。相較於新興的互聯網、行動互聯網、O2O等新創公司，傳統企業更了解如何把業務工作做得扎實。因此，理想做法是讓傳統企業在轉型時，充分利用過去經驗，找到平台與原有業務的協同點，讓原有業務為新平台導入資源，藉由過去累積的經驗，育成新平台發展，同

時在保有自己優勢之際發展新業務，讓新業務與原有業務發展相得益彰。

在「管理與人才」、「市場與客戶」、「生產與研發」以及「後台支持」等方面，都有可能找到新舊單位的協同點，至於產生協同的前提條件、內容、適用範圍等，在不同的產業間有所不同（見表 3-1）。

表 3-1　新平台業務與原有業務的協同

協同內容		什麼情況發揮作用	原有業務為新平台提供的協助
1 管理與人才	管理經驗	• 新平台的經驗不足	• 幫助組成新團隊 • 激發鬥志及士氣 • 幫助熟悉產業，配置產業內的資源
	資金	• 新平台的資金不足 • 新平台初期的獲利能力和現金流不佳	• 直接資金投資 • 幫助進行外部融資
	人才儲備	• 新平台人才不足	• 引進人才，從原有部門中選拔適當的管理人才和營運人才
2 市場與客戶	品牌	• 原有業務品牌的可信任度高 • 新平台所在的市場分散而無序，無品牌領導者	• 利用原有的品牌效應 • 提供品牌管理方法
	客戶關係	• 新平台的客戶與原有業務重疊	• 提供起步階段的客戶累積
	管道網路	• 新平台也能用原有業務的銷售管道	• 在原有通路推行新平台的產品和服務，降低通路的使用成本
3 生產與研發	產品（服務）結構設計	• 新平台的產品（服務）與原有業務重疊	• 提供工作方法及流程，幫助新平台快速啟動
	研發		
	採購		• 提供共享服務，降低使用成本，加快啟動時間
	生產		
4 後台支援	財務	• 新平台規模較小 • 新平台職能不清，一人多職	• 提供共享服務，降低使用成本，加快啟動時間
	人力資源		
	資訊系統		
	法律等		

1.管理與人才

管理經驗：在新業務團隊經驗不足的情況下，原有的管理經驗可以達到某種程度穩定軍心的作用。擁有豐富管理經驗的領導者，可以扶持建立新團隊，讓組織快速運轉，特別是在協助組建隊伍、激勵團隊鬥志與士氣，及對產業資源進行配置等方面，過去累積的管理經驗有其無可取代之處。

資金：原有業務對於新平台在資金上的支援不可或缺。當新平台尚未獲得外界認可時，金流援助尤其珍貴。新平台的第一筆投資，有時來自原有業務的流動現金，有時必須依靠原有業務協調取得融資，或是內部增資，以及原有業務的員工中發起群眾募資，以獲得資金等。

人才儲備：企業轉型平台可以透過調派人才，移轉優勢能力，特別在以下幾種情況中，尤其需要現有業務為新平台引進營運人才，像是新平台的市場前景不明朗，對外來人才的吸引力有限，或新平台缺乏有力的領導者，以及新平台的發展極需要從原有組織中整合資源。

最常見的人才調派做法是「組合法」，就是在新平台的管理團隊與營運團隊中，有一部分是來自原有組織團隊，另一部分則是外來團隊。這種組合優勢在於，原組織裡有一部分人具有衝勁和創新理念，但在原有業務中苦無發展機會，如果將其調到新平台的管理團隊，便有相當機會找到突破口。再者，部分原來組織裡的營運團隊踏實肯幹又有執行力，熟悉業務內容，調派他們到新平台有助於迅速開展新業務。

新平台的管理團隊將決定轉型專案的成敗，因此如何配置人才，就顯得十分關鍵。假設原有組織中都是產業老兵，創新意識及能力會略顯保守，那麼新平台業務可以招聘更熟悉新市場的空降執行長和管理團隊；反

之，若原有業務中存在一批熟悉產業，同時也有新思維和新想法的年輕人，則新平台也可以從原有業務中，選出執行長和管理團隊。

　　舉例來說，有 24 年經驗的洗衣連鎖品牌榮昌公司，原有業務是線下的實體洗衣店，在中國有 1,000 多家門市；2013 年開始育成 e 袋洗公司，新平台是在行動互聯網上收取衣物的 O2O 新玩法，兩者差別甚大。

　　榮昌的創辦人兼董事長張榮耀，他為自家平台挑選的執行長兼合夥人陸文勇是 85 後（指 1985 年）以後出生的人，來自互聯網產業，有創業和產品經理背景。在陸文勇眼裡，洗衣服務要追求用戶體驗，注重細節，因此他提倡以「好玩有趣」來引爆市場。

　　自從陸文勇擔任 e 袋洗執行長後，先引進一批互聯網人才，跨界為洗衣業帶動新玩法：用上門收衣服的方式，解決到洗衣店送洗衣物還要停車的困擾，或上班族不方便送衣服、洗衣完成時間不確定等現存痛點；再用人民幣99 元洗一袋衣服、朋友圈分享洗衣體驗、比賽誰能在一個袋子裡塞進最多衣服等活動炒熱市場、獲得關注；同時還送下單用戶炸雞啤酒、奶茶、哆啦A 夢玩具等行銷活動，來持續製造話題，維持熱度。

　　不僅如此，e 袋洗用互聯網切入傳統洗衣業的背後，還有一群擁有豐富產業經驗的資深員工，他們在榮昌的原有業務中負責 O2O 產品（榮昌聯網卡）業務，因此既熟悉公司的傳統洗衣業務，也曾接觸互聯網線上銷售。這個團隊除了有深厚的互聯網背景，對洗衣業有熱情、有好奇心，又非常熟悉並希望了解互聯網的新鮮趨勢，自然對平台發展引起巨大的帶動作用。據報導，2015 年 4 月 25 日，e 袋洗當日訂單突破十萬件，相當於 1,000到 2,000 家洗衣店的訂單總和[1]。

2. 市場與客戶

品牌：當現有業務在業界擁有較高的品牌知名度，在客戶群中擁有高辨識度和好感度，原有的品牌效應和品牌管理方法較能發揮作用，新平台便適合借用原先品牌，來逐步建立聲譽。特別是當新平台所在的市場分散而無序，有很多中小平台在其中競爭，使用者對新創平台模式仍有懷疑，希望謹慎嘗試；原有品牌在產業裡的地位，可帶給新平台用戶極大的信任感；新平台的用戶包括同業、競爭品牌能夠認可原有品牌的延伸性及產業地位。這時候，利用原有的品牌效應，能夠迅速建立消費市場的信心，抓住平台啟動初期最重要的一批前期用戶。

中國平安集團握有銀行、保險、信託、券商、金融租賃、期貨、基金、第三方支付（或稱協力廠商支付）等 7 張牌照，是中國第一家具有金融全業務牌照的金融集團，在傳統金融業已累積超過 8,000 萬的優質用戶[2]，更率先發展互聯網金融業務，打造集團下屬的「陸金所」（全稱上海陸家嘴國際金融資產交易市場股份有限公司）平台，強調平安集團的公司品牌，利用大集團來帶動小平台。

2011 年 9 月陸金所成立之初，當時互聯網金融監管尚不明確，產業格局還未成形，中國的互聯網金融產業群雄並起、大大小小的金融創新平台達上千家，且幾乎每天都有新的金融平台上線，市場競爭激烈，陸金所的發展前景並不明朗。

但依賴平安集團的強力後盾和風險控管能力，陸金所平台一上線，就在主頁和宣傳廣告中重複強調這一先天優勢，讓投資者對其安全、誠信、服務品質等方面都更有信心，在平安集團的加持下，新平台吸引更多消費

者，且累積較大的用戶基礎。

至 2014 年底，陸金所用戶數量突破 500 萬，其 P2P（個人與人個間的小額借貸交易）交易規模較同期成長近 5 倍，交易規模在中國市場排名第一[3]，遠高於宜信、拍拍貸等平台競爭者，被美國最大的 P2P 研究機構 Lend Academy 評為「中國最重要的 P2P 公司」。2014 年 12 月，由平安集團主導，對陸金所進行融資，陸金所的企業估值達到 100 億美元[4]。

相較於陸金所，其他中小型 P2P 平台就沒那麼幸運，在 2013 至 2014 年間，有近百家 P2P 金融平台陸續倒閉，它們在風口上還沒有獲得起飛的機會，便已經轟然倒塌。同樣是平台，這些不知名的 P2P 平台與陸金所的命運迥然不同，雖然倒閉的原因各有不同，但品牌效應在其中扮演的角色不言而喻。截至 2015 年 6 月，陸金所的用戶數量已超過 1,200 萬，2015 年上半年，陸金所的總交易量達到人民幣 5,122 億元[5]。

類似例子還有生鮮電商網站「我買網」。網站建立之初，就在廣告和網頁醒目處註明「中糧（即中國糧油食品進出口集團）旗下食品網站」，彰顯其強大的中央管理企業（以下簡稱央企）集團背景，並保證肉、油、米等產品品質，因此在生鮮領域中脫穎而出。至 2013 年，我買網在兩個月內，就完成全年銷售計畫的三分之一[6]。

在市場占有率方面，2015 年上半年，在中國的食品電商網站分類中，天貓（28%）、京東（22%）位居第一、二名；我買網（17%）則名列第三[7]，配送涵蓋中國 142 個城市，2015 年 10 月，更獲得 2 億 2,000 萬美元融資，並申請股票上市[8]，成為央企改革和創新的代表。我買網不僅用垂直模式銷售中糧和其他供應商的產品，未來還計畫提供食譜訂製、食品安全追

蹤等服務。

以中糧集團的規模效應，及強大的生產、採購、物流、商品能力，幫助我買網形成相對低價和穩定品質，也為新業務的迅速發展創造契機。

客戶關係：如果新平台和原有業務內容重疊，發展初期可以運用已累積的客戶群，借力使力。雖然長期來看，新平台肯定會逐漸累積新客戶，但初期若能有效利用原有的客戶資源，有助於平台迅速發展用戶基礎，逐漸越過平台存活所需的用戶數，也就是「平台引爆點」。

例如中國的小米公司，從手機業務起步，後期逐漸擴展到電視、路由器、手環等 3C 周邊產品，甚至發展到淨化器、家庭裝修等領域，產品線越來越廣，超越一般 3C 廠商、家電廠商所會做的嘗試，不斷複製其核心競爭能力和成功經驗。小米朝新產品領域拓展所跨出的每一步，相當程度利用原有的市場客戶關係，甚至不斷鞏固原來的客戶基礎，從最初 100 人的鐵桿粉絲，到今日形成穩固的「粉絲經濟」文化，幫助小米可以不斷維持活躍，並帶來延伸性的銷售。

管道網路：原有業務已經布局的銷售管道和較低的使用成本，都可以為新平台帶來優勢。雖然電商已經成為最熱門的營業模式，但在轉型過程中，原有管道和新管道往往會有交叉點，例如餐飲、物流、服裝零售等產業，實體還是一個客戶交流、推廣、完成交易的重要管道。

上述產業的特點，決定了它們無法完全跳開傳統管道，因為消費者和客戶仍需要在現場接受服務，所以，傳統產業轉型並不意味著必須拋棄先前的管道，而是要整合傳統管道和新管道。如叫車產業的易到、Uber，家庭裝修產業的齊家網、美樂樂，訂餐產業的「餓了麼」、百度「外賣」、「點

我吧」，雖然都是以互聯網的平台面對消費者，但是在其消費、服務過程中，仍然必須依靠傳統實體管道來影響並吸引顧客。

3. 生產與研發

在生產與研發方面，如果新平台和原有業務的產品相關，在新平台產品設計和研發方面，原有業務可提供工作方法和流程經驗，幫助新團隊快速展開新平台的具體執行。

在落實到具體生產方面，新平台和原有業務能在集中採購、共享生產設備等方面合作，可以降低新平台營運成本，加快啟動速度。

4. 後台支援

在轉型過程中，新平台業務和原有業務共享後台服務，是常見的協同方式之一。透過規模效應，可迅速降低後台服務成本，例如財務、法務、人力資源、資訊系統等基礎設施上的共享。如此一來，後台支援部門的工作量便能集中統一，能以極低的邊際成本實現這些工作職能。反之，若新平台提供的創新方向，就在於改良後台支持部門，便無法利用雙方合作，而需另起爐灶。

我們將用中國的民營企業泰德集團育成公司為例，說明公司在實踐操作中，如何找到新平台與原有業務的協同，如何用原有業務為新的平台輸送資源。

平台實例

泰德集團
善用核心業務優勢，串聯全產業線

　　成立於 1999 年，位於中國大連的泰德公司，主要營運項目是煤炭行業的物流業務，協助煤炭業完成上下游的交易和運輸。公司發展至今，歷經兩次重大轉型。

　　第一次轉型是在 2005 年前後，當時互聯網的旋風席捲全中國，泰德也開始探索電子商務的 B2B（企業對企業）領域，成立「泰德煤網」，試圖進行互聯網創新，把線下的煤炭生意搬到線上。

　　第二次轉型是在 2009 年前後，全球金融海嘯來襲，公司創辦人李洪國發現，即使進行互聯網化，其本質還是沒有脫離「低買高賣賺價差」的垂直經銷模式，且在經濟危機的大環境下，公司依然存在諸多挑戰和風險。於是，李洪國決定跳出原來的物流業務，做一個貫穿上下游、進行煤炭交易和配送的大平台「東煤交易平台」，從擅長物流管理和交易的角色向全產業鏈的交易平台轉型。

　　這次的轉型目標，是從垂直價值鏈的原有業務模式轉型為新的平台模式，要從產業中的一環轉型成為全產業鏈的平台，所以泰德進行較大規模的變革。在新平台上，不僅包括泰德原有的物流業務，還要對外連接煤炭的賣方（煤炭礦商）、買方（直接的客戶和煤炭交易商），以及專業服務商，如物流（除了泰德煤網以外的其他物流機構如港口、鐵路、陸運、海運等）、金融機構、政府等多方參與者。透過專注於用既有業務來帶領新平台的發展，銜接新平台業務與原有業務，例如，利用煤炭交

易擴大物流，物流帶出金融，金融又繼續放大交易量。

　　在管理與人才方面，泰德不僅為新平台注入資金，也組織優秀的人才團隊，特別是中高層管理者大多由原有業務轉調。煤炭產業有其特殊性，專業性強，而且業內的人脈要廣，這批具有產業經驗的人才，為新平台儲備了扎實的人員，便於快速的展開工作。在市場和品牌方面，泰德原有的物流業務幫助新平台打開市場，獲得客戶認可。

　　在泰德既有業務中，物流為最大優勢，因為多年來在業界所累積的經營和物流相關經驗，所以，對煤炭產業供應鏈上中下游所有的參與者，都相當熟悉，因而能調度各方資源，把煤炭的物品流通和資訊管理做到位。2009 年，泰德派出一個專門小組，利用物流的優勢為客戶提供專業服務，進行溝通協調，解決客戶在物流過程中碰到的各種問題。在此基礎上，他們還嘗試加入新的採購、銷售合作者，向平台化轉型。這次的嘗試非常成功，包括物流，連帶其他項目的整體平台服務內容，都讓客戶滿意度提升，成為東煤平台的核心產品。

　　在生產與研發方面，新平台上設計全新的煤炭產品、物流方案等，雖然這些和泰德原來的業務毫不相干，但都依賴於泰德集團對產業的理解，相信在將來會取得良好的經濟效益。

　　至於後台服務方面，泰德集團一開始就為新育成的平台提供辦公場所等設備，原有業務和新平台在同一棟大樓辦公，保持獨立的同時，也降低新平台的投資和營運成本。2014 年，在原有業務的推動下，全新的東煤交易平台成為中國五大煤炭交易市場之一，也是唯一總部在煤炭產區之外的民營交易中心。

找到新平台、原有業務衝突點，平衡發展

相較於找出新平台業務與原有業務協同點，轉型帶給新平台業務與原有業務的衝突會更為明顯和嚴峻，以至於企業還未嘗到合作綜效的甜頭，就被新舊組織之間的衝突弄得疲憊不堪。這大概是企業家面對轉型最擔心的情況。

新平台業務與原有業務之間，存在著很多方面的差異。

商業模式不同：平台業務是彎曲的價值鏈，原有業務則是垂直價值鏈。原有業務在低買高賣之間獲取利益，而平台業務在連接協調之間獲取利益。

文化理念不同：平台業務強調包容共生、共創共贏；原有業務則是關注占得資源與先機，在上下游之間彼此擠壓，盡可能擴充地盤。從原有業務轉變到新平台，是從獨善其身到共創共享的過程。

人力資源不同：在組織架構、職能設定方面，新平台上的組織架構會朝向更扁平、更靈活的角度發展，職能設定也會朝著變通、機動、短期的方向演變；相較於既有業務，新平台上顯得更靈活，而適應當代的急速變化。

能力要求不同：將價值鏈彎曲後所帶來的市場、客戶、合作者關係的變化，會導致過往的成功關鍵因素出現變化，企業所需的核心能力出現極大差異。原有企業所掌握的能力和策略可行性，在新平台上可能發揮不了作用，所以，在轉型的激流變化中，企業必須逐步發展出一套足以適應新變化的能力，以理解新關係並適應新環境。

內部的流程及指標不同：包括預算、審計和財務制度，評估及績效考評制度（KPI），利益分享制度（薪酬及激勵）等方面，都將截然不同。一般

來說，傳統業務較為穩定，追求控制力與高效率的層級結構，但是平台業務卻需要鼓勵創新和激勵自主性，所以，新業務與原有業務之間的員工利益分享方法也會不同。

此外，傳統企業在評估考核時會強調具體營收績效，許多時候單以短期的金錢回報為衡量基準。平台事業的考核方向則更加多元，包括用戶成長數量、使用者自創內容或互動數量、客戶滿意度等方面。因為平台生態的成功關鍵在於「網路效應」，就是有多少流量及參與者的良性互動。

正因為新平台與原有業務有許多不同之處，其衝突在所難免。

收入及利潤衝突：新平台的業務若與原有業務有重疊替代，意即相同而非延伸，兩者在收入與利潤分配上就容易競爭。一種情況是，新業務侵蝕原有業務的收入及利潤，由於利潤遭到分食，原有業務部門會大大阻礙新平台的發展。

20 世紀、90 年代初期，柯達就已經發明數位相機，但直到 2003 年，才正式宣布放棄原有的底片業務。追究其因，因為底片、相片業務是公司重要利潤來源，巨大的利益使得管理階層十分猶豫，該不該冒著既有利益被侵蝕的風險，貿然推動新業務，原有業務的領導階層也擔心，自己的優勢會被其他部門代替。最終，柯達斷送業界的領先地位，沒有趕上新一波的浪潮。

另一種情況是，如果新平台被界定為深具吸引力，就會引發原組織中的員工都推崇新業務，造成利益分配上的糾葛。最終，員工都知道新模式更適合市場，想盡辦法調去新業務部門，損害到部分員工的既有利益。

資源分配衝突：新平台和原有業務就算沒有市場重疊性，也可能因為資

源分配的競爭產生衝突。畢竟一家公司所擁有的資金、人力、時間資源有限，策略重點必須更聚焦，如果新平台成為重點，原有業務勢必會損失一些資源配置，新平台的出現，打破公司原本內部的資源分配關係，損害到部分員工的既得利益。

流程和能力衝突：在轉型過程中，當引進新工作方法和新績效考評，意味著要改變原有流程；重新理解客戶、供應商等合作方的需求痛點，也意味著要發展新的能力。衝突發生後，顛覆原有流程，可能會造成原公司人才流失，致使原有業務喪失核心競爭力。

有的公司在轉型的過程中，甚至是以原有業務的衰敗為代價，來發展新平台業務。比如台灣傳統零售業的愛買，為趕上網路時代的風潮，所以開設商務平台「愛買線上購物」，雖然目前這個網上平台只占愛買銷售總額的 5%，但是，這代表新的方向和機會，公司內部在上面投入不少人力、物力與財力，其中，最艱難的是原有業務（傳統零售）和新業務（電商平台）之間的平衡。在愛買的案例中，我們看到的是公司的決心和信心，向新的業務傾斜輸送資源，等待發展。

平台實例

愛買
向新業務輸出資源，宣示轉型決心

當實體零售商家面臨業績下滑風險時，必然想要拓展新業務。愛買在權衡機會和投入以後，選擇發展網路購物。因為愛買發現越來越多顧客在網上買東西，到實體店消費的頻率下降很多，以前是每個月到店兩

次，變成每兩個月三次[9]，於是，愛買選擇透過「網路購物」方式開拓新業務。愛買營運長莊金龍便說：「我沒有其他的路了，策略就是要做選擇啊。」

要發展網路商務平台並不容易。在中國，網路銷售的道路上，萬達、沃爾瑪等大型零售商都走得跌跌撞撞。而在台灣，也是類似情形。因為兩種業務所需要的核心能力不同，在商品結構、庫存管理、客戶維繫等方面，都有顯著差異。

愛買的網路新業務，常常需要總部的幫助和投注資源，也需要一點一點從外界學習新的能力。比如進行更精準的網路關鍵字搜尋、提升和客戶的聯繫頻率、發掘購買需求、提升送貨流程和速度，甚至推行比實體通路更大膽的服務條款，比如不滿意免退貨、包退款等措施。這些都是原來愛買所沒有的能力，是發展新業務時必須開拓的新領域。

另外，網路購物新業務還要與實體原有業務平衡發展，避免發生衝突。在愛買內部，發生衝突的情況比比皆是，當實體店鋪的市場推廣部門與廠商溝通廣告費用時，會被要求協助網路購物業務與廠商溝通，但是實體店鋪卻不理解，覺得自己承擔額外的責任。還有網路購物會產生的物流成本、貨物損耗成本、退貨成本等，也曾經讓其他實體部門的同事頗有微詞。甚至曾經發生過有一次在天氣不好、商品斷貨的時候，愛買決定優先供貨給網路客戶。這些都是新平台業務與原有業務的衝突點，也是發展過程中，企業不得不面對的難處。

從愛買的案例中可以看出，公司發展新業務真的需要下定決心，一方面要學習新知識和新能力，另一方面還會產生額外支出和成本，這些

都是開展新業務的代價，而這些代價可能都是從原有業務裡面來的，只有下定決心才能獲得平衡。

上海的上汽集團是中國汽車產業一家代表性公司，為了尋找創新，也在平台化的道路上摸索前進。

「車享網」是上汽集團旗下的一個汽車平台網站，提供汽車買賣、使用、保養等相關資訊，並且促成交易。車享網的平台設計初衷頗具野心，想邀請汽車產業的競爭對手和上下游，共同在網路上匯集各家品牌汽車的相關資訊、服務和銷售，創建一個汽車產業的綜合平台。

相較上汽集團原有業務，新業務內容包括競爭品牌汽車的資訊介紹、銷售和保養，與原有業務都有重疊之處。如果上汽傾集團之力發展車享網平台，恐被認為和自家業務搶生意，但是要做平台事業，又不可能只有上汽自有品牌和產品。為了平衡兩者關係，上汽集團選擇一條穩步漸進的中庸之道，先不涉及具體的汽車銷售，而是從汽車資訊交流等相對爭議較小的角度切入平台發展，先奠定基礎，再解決新平台和原有業務之間的「衝突」。

平台實例

<h2 style="text-align:center">車享網
先聚焦自有產品，再拉入合作者與競爭者</h2>

2014 年 3 月，上汽集團發布成立「車享網」平台，為消費者提供買

車、用車、售後、保養等，一條龍式的全車生命週期服務。

在整體概念上，上汽集團並不打算把車享網當作一個獨享的垂直網站和管道，而是一個涵蓋產業內主要汽車廠商的大平台。這意味著，車享網將不僅服務上汽集團自家生產的汽車、自有品牌的經銷商和服務商，也歡迎其他汽車維修、保養與服務廠家入駐[10]，能協助其導流，同時滿足消費者全面需求。

在實際做法上，為了避免原有組織內部的反彈，上汽集團花了大約一年的時間規畫，避開新平台與原有業務存在較大衝突的業務。

在銷售環節上，車享網並未直接在網上銷售汽車，挑戰品牌經銷商包括整車銷售（Sale）、零配件（Sparepart）、售後服務（Service）、資訊回饋（Survey）的汽車 4S 店，而是從整車的行銷資訊服務起步，著重於車輛的展示，透過介紹車型、經銷商資訊、服務商資訊等，先吸引消費者瀏覽，提供平台上經銷商、合作服務商與使用者更好的交流空間，降低獲取使用者的成本，並且提升服務體驗。車享網逐漸在平台上聚集人氣，成為討論車、看車、養車的場所，如此就避開了直接銷售的問題，進而引導消費者到實體交易。

在平台品牌方面，車享網上線之初，都只有上汽集團旗下的汽車品牌和型號，希望這樣的做法更容易讓集團內的其他部門接受新平台，接著才分階段引進競爭者品牌。

在售後服務方面，則是在車享網上線一年半以後，於 2015 年 9 月開始逐步建立汽車修配服務店。在「車享家」App 上線後，車主可以到附近上汽旗下所屬的鄰里汽修店進行修理、保養等服務，而不一定要去

自家品牌的 4S 店。

　　車享網計畫「未來 5 年內，在中國布局為 1,500 家中心店、7,000 家社區店和 1,500 家綜合店構成的實體服務網路」[11]。從汽車修理、保養網路，更進一步加強平台的服務，增加平台對車主的黏性。

　　這樣循序漸進的做法較為保守，也避免新平台與原有銷售管道直接利益衝突。先聚焦自有品牌，拉入服務合作者加入平台，之後再考慮競爭品牌和銷售業務。如果在一開始，車享網就高舉著幫競爭品牌接觸用戶，可能引發集團內部認為新平台「胳膊往外彎」的疑慮，與原有業務的衝突過大，而不支持車享網的發展。「先安內，再攘外」是大型集團發展平台的中庸之道。

　　另外，中國的休閒服飾品牌「美特斯邦威服裝公司」（簡稱美邦），在互聯網的衝擊下，也開始著手轉型。但在轉型過程中，原有（線下）業務和新（線上）業務之間存在著衝突，美邦嘗試用「協同、連動」的方式來處理本應該是獨立或分割的關係，然而，再次遭受阻力，需要重新調整。

美特斯邦威服裝公司
清楚切割，解決新舊產品服務重疊衝突

　　2013 年 10 月，年營業額曾增長到近百億人民幣的美邦，在浙江杭州舉行 O2O 策略的發表會與體驗會，而這條轉型之路，先鎖定在行銷

和客戶體驗兩方面[12]。

　　首先，美邦利用網路、手機應用 App 與即時通訊軟體等，先接觸消費者。消費者到門市前，就可以利用這些功能瀏覽產品，搭配服裝、購買、調換貨等。如果消費者覺得上網購物不放心，也可以在手機上直接挑選好尺寸和型號，再到指定門市試穿。

　　美邦的資訊系統後台，把直營店、加盟店、網路商店的貨品流通，都整合成同一個體系，消費者在線上購物後，由線下最近的實體門市負責送貨，並且可以進行退換、遞送。當指定門市缺貨時，其他門市會調貨支援。在實際購物過程中，美邦引導消費者在店舖裡輕鬆的坐下來，喝著咖啡登錄網上平台挑選衣服，瀏覽服裝搭配，運用 iPad 付款等，把選衣和試衣的過程轉化成為舒適的享受，而不是疲勞的瀏覽和選購。

　　這些設想十分美好，也的確為消費者營造方便、輕鬆、有趣的消費過程。但是，不到半年時間，美邦的轉型業務似乎陷入困境。2014 年 5 月，美邦發出公告，稱其負責電子商務的副總裁閔捷因個人因素辭職。此後，多篇媒體報導和公司採訪中，都顯示出在業界與公司內部，都認為美邦的轉型困難重重[13]。

　　分析美邦的做法會發現，它在轉型時，並未分割新的互聯網業務（新業務）和原有業務，導致兩者間的衝突在同一體系內正面交鋒。新模式是在原有業務的基礎上改革而成，成本非常高。至於傳統門市轉換為互聯網體驗店，需要添購相關的軟硬體配套設備，還要搭配店舖重新裝修，另外，要打通線上線下所有庫存，也會提高商品結構設計和商品流轉成本，再加上增加數位化的體驗與互動空間，導致實際衣服陳列的

空間縮小，引起門市的陳列款式減少或庫存下降，直接影響到消費者的現場體驗。

另外，這次改革選擇從市場、行銷及購物流程等方面著手，卻忽略生產、設計、採購及產品結構等的轉型需求。在轉型的過程中，缺乏包括大數據、會員管理、消費者回饋等方面的改革。

表面上，美邦的轉型看似具有互聯網的創新性；實際上，原有業務和新業務之間非但沒有相輔相成，卻產生增加成本的疑慮。同時，因為缺乏原有業務和新業務連動關係的分析，也沒有在關鍵領域，如設計、產品結構等方面進行改革，而是選擇淺嘗輒止的市場和行銷做為切入點。這一切，導致美邦最終停止互聯網轉型的腳步。

2015 年，美邦再次啟動轉型計畫，開發「有範」服裝電商平台，讓消費者、設計師、品牌方在平台上互動，消費者不僅可以購買商品，還可以交流服裝搭配想法。

在這個平台上，除了有美邦自有品牌，還增加許多品牌，包括愛迪達（adidas）、亞瑟士（ASICS），匡威（Converse）等國際品牌，以及多家小眾的設計師品牌。為了避免新平台和原有業務的衝突，有範和美邦原來的業務幾乎沒有重疊，界限清楚，甚至很多用戶都不知道有範是美邦旗下的平台。

美邦這樣清楚的切割，提供「有範」一個更為創新、沒有原有業務限制框架的發展機會，也為平台上的多家品牌，提供一個更為公平的競爭環境[14]。

　　中國蘇寧電器堪稱傳統產業轉型中，最具決心、最勇於嘗試變化的公司，當然不可避免，也持續面臨著新業務和原有業務之間衝突的問題。

　　這家擁有數千家門市的電器零售連鎖公司，在 2013 年改名為「蘇寧雲商」，開始發展互聯網線上業務，融合線上線下多種管道。對蘇寧這樣的大公司而言，原有實體業務的根基穩固，稍有不慎，就會與線上新業務產生矛盾，而影響到原有業務，例如線上銷售提升，可能會取代線下實體店的業績。

　　然而，蘇寧雲商透過調整組織架構和人才，不斷嘗試平衡新業務和原有業務的發展。至今共經歷過 4 次重大的組織架構變革，期間不斷加強總部對轉型步驟與方向的管理，保持新業務發展的獨立性。同時，在資源上朝向新業務傾斜，加強新的互聯網業務部門在組織內部的地位，盡量保障新部門營運的獨立性。蘇寧的每次變革都努力平衡線上和線下，讓原有資源累積能增進新業務的發展，但又避免新業務部門受到原有僵固組織制度的干擾。

平台實例

蘇寧電器
調整組織架構和人才，平衡新平台與原有業務[15]

　　至 2000 年，創立 10 多年的蘇寧，已成為中國著名的實體電器零售連鎖企業，當時採用典型的三級「總部－大地區－分公司」矩陣式組織架構（見圖 3-2），按照大地區管理店鋪的經營，用 14 個管理中心支持這些大地區和分公司，共用採購、物流、行銷、售後等綜合服務。

圖 3-2　蘇寧集團三級矩陣式組織架構圖（2000 年）

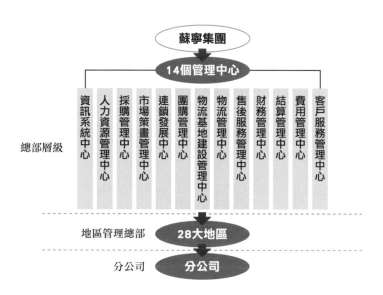

第 1 次組織變革：形成 4 大管理總部

2006 年，蘇寧進行大規模的組織架構變革，把 14 個管理中心合併為 4 大管理總部。在地區管理總部方面，把原來的 28 個大地區合併成為 8 個大區、35 個地區分公司（見圖 3-3）。在這次調整中，強化總部管理職能，4 大管理總部分別負責：企業發展策略規畫、全國連鎖網路規畫、國際化業務拓展與資本運作這 4 項任務。在採購、物流、行銷、售後服務等方面，蘇寧還是沿用著共享服務的模式。

圖 3-3　蘇寧集團第 1 次大規模組織變革架構圖（2006 年）

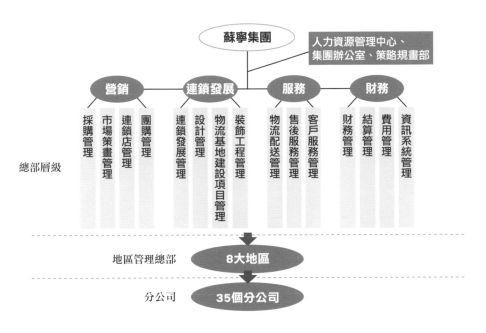

第 2 次組織變革：互聯網轉型

　　2011 年，蘇寧開始啟動互聯網的轉型計畫，發展電子商務，同時在連鎖經營、行銷、服務等方面繼續加強自身能力。在蘇寧的 10 年策略規畫中，提出「科技轉型、智慧升級」的口號。2013 年，互聯網風潮席捲中國市場之際，蘇寧更名為「蘇寧雲商」，彰顯公司進軍互聯網的雄心。此時，蘇寧再次進行組織架構調整，在原有組織裡加入負責互聯網的層級和部門，切開新平台業務與原有業務，以避免衝突。

　　這一次變革是在管理總部和大地區之間增加總部經營層，包括連鎖

平台經營總部、電子商務經營總部、商品經營總部 3 大部門，由這些部門管理旗下的 28 個事業部，其中，拉高電子商務經營總部層級，與連鎖經營、商品經營這些實體的零售管理部門並列。

由獨立部門管理互聯網新業務，除了凸顯新業務的重要性，也展現對此業務獨立發展的尊重。從總部管理層面觀察，蘇寧的變化並不大，把原來的 4 大管理部改為 5 大管理部，分別是連鎖開發、市場營銷、服務物流、財務資訊、行政人事，由這 5 大管理部幫助線上、線下進行協調合作（見圖 3-4）。

圖 3-4　蘇寧集團第 2 次組織變革架構圖（2011 年）

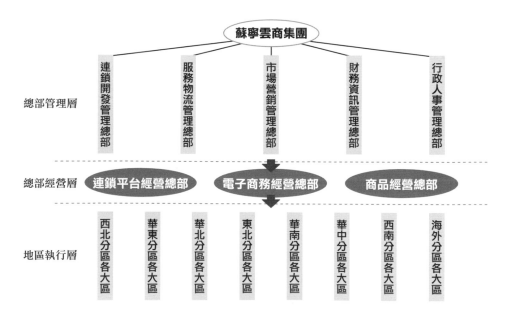

第 3 次組織變革：加強協同，同時保持新業務自主性

　　2014 年 2 月，蘇寧在總部管理層和總部經營層之間，又增加一層經營總部，負責線上（新業務）和線下的（原有業務）協同事項。另外，在 8 大分區公司外，還成立 8 個類似事業部的直屬公司，如紅孩子、滿座網等（見圖3-5）。這些直屬公司有更大的自主性，能夠獨立決策負責，更加靈活的進行互聯網創新，而不必和原有業務發生衝突。

圖 3-5　蘇寧集團第 3 次組織變革架構圖（2014 年）

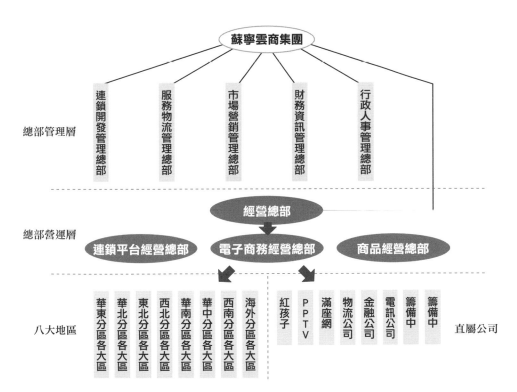

第 4 次可能的變革：強調新業務獨立性

2015 年初，蘇寧發布當年策略計畫，對事業部進行組織改革：把原有的 3 大經營總部進行事業部公司化，其中一些重點事業部，直接以小團隊的形式向首席營運長（Chief Operating Officer，簡稱 COO）報告。這樣的做法，我們解讀為：蘇寧在不斷努力保持新業務與互聯網轉型的獨立性，以提升效率，減少原有業務對於這些新業務的牽絆和限制。

2015 年中，阿里巴巴集團斥資人民幣 283 億元投資蘇寧集團，成為第二大股東。根據報導，這項投資可能意味著：將結合阿里巴巴的線上資源和蘇寧的線下門市資源，提升蘇寧新的互聯網平台業務發展，讓線上線下的串聯更加緊密融合。

蘇寧的幾次組織結構變化，都是配合公司策略進行改變，不斷凸顯互聯網業務之重要性，尊重管理互聯網業務部門的獨立性，並提升其在組織內部的權力地位，為互聯網業務避開不受干擾的環境，更有利於尚不確定的新業務發展。

內部育成或借助外部資源建立平台

　　平台化轉型的第二個維度，是評估新平台依賴何種資源而建立：是準備完全依靠內部力量從零開始建造，或是依賴外界已有的資源進行合作。

　　我們來看看，從事互聯網電子商務的中國服裝企業「韓都衣舍」和「凡客誠品」（VANCL，簡稱凡客），它們同樣面臨傳統服裝業所處的市場困境，也嘗試從垂直價值鏈的模式走向平台化模式轉型。不同的是，在轉型過程中，一家完全依靠內部設計師資源轉型，另一家則與外界資源合作，引入協力廠商品牌。

　　韓都衣舍在淘寶、京東等平台上，銷售自家設計生產的女裝，2010 年進入淘寶女裝銷售前 3 名，之後連續 3 年（2012 年至 2014 年）蟬聯淘寶女裝銷售第一名[16]。凡客擁有獨立網站，銷售自家生產設計的服裝及飾品，最顛峰時期擁有 1 萬 3,000 名員工[17]，曾在 2009 年中國服裝類網路零售市場中，以 28.4% 的市場占有率排名第一[18]。

　　互聯網服裝產業競爭激烈，特別是消費者相對年輕，對產品豐富度、

191

時尚程度、物流速度、產品性價比的要求也都更高。因此,這兩個品牌即使都在各自的目標市場裡位居領先地位,還是持續進行改革。

　　韓都衣舍利用內部資源進行平台化轉型,將內部職能平台化,提升員工的積極性。這個內部的平台體系,打散原來設計部門、採購部門、生產部門、銷售部門獨立劃分的組織方式,而是由採購、設計師、文案等人員組成戰鬥小組,平均每 3 個人為一小組,獨立負責一個系列的服裝設計、定價,並且獨立進行預算與核算,直接與市場績效掛鉤。

　　這樣的編制讓小組能夠快速回應市場變化,也能更有效的管理績效,銷售業績差的小組,自然會被淘汰。

　　韓都衣舍內部組織平台化後,透過平台上的小組成員,在短時間內抓住潮流,服務不同類型的顧客;產品更新加快、品牌變多,這樣的轉變更能適應現今迅速變化的互聯網市場。當小組蓬勃發展時,公司擴張也越快。根據 2015 年中的資料,韓都衣舍共有設計人員近 800 人[19]、270 個產品小組[20]、28 個子品牌,全年開發的服裝產品約 3 萬款[21],銷售業績持續領先同業。

　　另一家凡客,則選擇利用外部資源進行平台化改革,開放平台引進競爭者,包括引進更多的服裝、鞋帽、配飾品牌,從一個垂直的電子商務公司,轉型成為一個不同品牌皆可以加入的銷售平台,以此擴充品項,同時減少在銷售、庫存、成本和資金鏈方面的壓力。

　　但是,凡客開放平台引進其他品牌後,原有的流量被瓜分,自有品牌受到擠壓,其他品牌產品與自有產品反而競爭激烈。由於許多獨立品牌都已經在電商產業經營多年,在淘寶等其他平台上占有一席之位,因此,非

常熟悉如何利用站內資源，很快就在凡客的搜尋結果中排到前面，擠掉凡客自有商品。

　　這兩家公司最初的轉型目的，都是利用平台來提升產品的豐富性和市場反應速度，以擴充品項、加快週轉，來符合市場需求。然而，兩家公司對原有業務改造手段的不同，也帶來不同結果。其中，韓都衣舍利用內部資源進行改革，改變了原有業務中的職能組合方式，提升設計和定價能力的自主性與靈活度。凡客雖利用外部資源，引進外部產品來補充既有之不足，然而內部結構並未同步提升。

　　相較之下，凡客的平台模式在上線一年多後就漸漸萎縮；韓都衣舍的轉型成果則更為顯著。先不論成功與否，僅聚焦在轉型方案的多樣性，及所帶來的相對成果，我們可以從中思考許多問題：到底企業轉型應該依靠自身的資源，還是要引入外來能力？轉變的結果能否預測？

　　答案在於，企業首先應盤點自身內部的資源，評估是否與新平台業務所需的能力相配合，透過梳理內部利害關係人的權、責、利關係，保證三者的協調統一，以在新平台上發揮應有作用。

　　韓都衣舍的表現，可能源於保留原有關鍵的採買、設計能力，並提升內部的生態活力，放大原有競爭優勢的幅度。凡客的轉型相對失敗，並非因為引進外部資源，而是沒有正確評估外部合作者的能力，及自己的原始動機，原本計畫引入其他品牌來彌補自己產品線的不足，卻沒有預料到，對方非但在產品設計勝過自己，還更熟知互聯網行銷規則，造成引狼入室之憾，威脅到自身成長，同時凡客在面臨轉型困境時還三心二意，未能下定決心完全轉變為純平台模式，使得轉型的軍心動搖，改革功虧一簣。

韓都衣舍
跳脫垂直電商模式，將內部組織結構平台化

「韓都衣舍」聽起來韓味十足，其實是一家總部位於山東濟南、成立於 2006 年的中國本土女裝公司。韓都衣舍擁有韓國設計、時尚潮流、高性價比之優勢，在 2012 至 2014 年，不僅在天貓、唯品會、京東等平台上成為女裝銷售第一品牌，也是 2014 年天貓年度總冠軍、「雙11」冠軍、「雙 12」冠軍的三料冠軍[22]（2015 年名列第二）。2013 年，韓劇《來自星星的你》熱播之際，又簽下該劇女主角全智賢做為代言人，一時間，打開淘寶女裝首頁，赫然出現的就是全智賢為韓都衣舍展示的各類新潮服飾。令人矚目的銷量背後，是 2010 年韓都衣舍在公司內部進行平台化轉型，從原有業務中發展出新業務的過程。

韓都衣舍創辦人趙迎光，曾經營化妝品、母嬰用品、汽車用品類的電子商務，都未見起色。經過兩年的摸索，趙迎光發現女裝是深具發展潛力的商品，其中，韓國女裝更是引領潮流，加上公司的地理位置靠近韓國，他也有十多年從事中韓貿易的經驗，要引進韓國女裝並非難事。2008 年，趙迎光等人正式創立韓都衣舍品牌，初期先代購韓國一些知名品牌服飾，後來自主設計服裝在淘寶進行銷售。獨特的產品定位和設計，使得品牌一戰成名，2010 年，韓都衣舍被喻為「10 大網貨品牌」、「最佳全球化實踐網商」及「全球網商 30 強」[23]。

互聯網上的女裝產業相當獨特，消費者的選擇性多，對時尚程度要求高，希望商品多變趕得上潮流，這些因素促使互聯網上的女裝，要比

實體更多風格、多樣化，且出貨速度更快、更為頻繁。所以，互聯網上的女裝銷售公司，很難用一個類型、一種品牌或一種類型設計師團隊，來持續吸引消費者關注。

　　韓都衣舍也擔心自己的優勢很快會被取代，於是從 2010 年開始著手企業轉型。首先，趙迎光對組織內部進行改革，將公司從一家垂直的女裝電商進行部分平台化轉型，試圖在維持公司原有設計優勢的同時，透過平台注入更多活力。做法上先將內部職能一分為二：把服裝設計、平面設計、定價等職能進行平台化（內部市場化），同時將市場行銷、倉儲物流、生產、資訊科技、後台支援等保持原來的垂直模式，提供給設計小組共享。

　　內部組織平台化打破了原有的設計部門結構，讓採購、設計師、文案等人員自由組成小組，平均每個小組 3 個人，各個小組獨立預算、採購、核算、設計服裝並進行網路銷售。每個小組完成設計後，韓都衣舍會有生產、倉儲物流、攝影製作、市場行銷、財務人事、資訊系統等職能為小組提供共享服務，完成服裝的最終生產並上線銷售。各小組成員直接為銷售結果負責，最後按照銷量與毛利分取利潤。

　　經過這樣的調整後，韓都衣舍在企業內部再引進小組淘汰制。銷售業績好的團隊獲得越來越高的預算，銷售業績差的團隊預算越來越低，直到人員脫隊，最終被淘汰。一連串的變革，韓都衣舍終於從一個服裝設計生產公司轉型成為介接在大型電商平台（比如天貓、京東）之上的專業化服裝品牌管理平台[24]。

　　韓都衣舍轉型之後，透過平台上的小組，能夠在短時間內抓住潮

流、了解市場脈動，進而服務不同類型的顧客，因應變化迅速的互聯網市場生態。

韓都衣舍跳脫垂直電商既有的模式，在企業內部啟動平台化轉型，形成相當獨特的優勢，因此在互聯網女裝產業中搶得先機。

平台實例

凡客誠品
引進外部資源，與更多品牌「分享」平台

「凡客誠品」（簡稱凡客）創辦於 2007 年，是一家快時尚品牌的電子商務公司，產品涵蓋男裝、女裝、童裝、鞋類、家居、配飾、化妝品等 7 大類。在 2010 年鼎盛時期，擁有 1 萬 3,000 名員工[25]，曾邀請明星李宇春、黃曉明等擔任代言人。

2011 年，凡客的業績開始下滑，同時由於大規模的擴張和聲勢浩大的市場推廣活動，公司財務陷入窘境，為了進一步提升營運效率並獲利，凡客改變經營策略，以提升市場定位，拉高客單價與利潤率。當時凡客網站採取提高免運費的價格門檻、擴增品項等方式，想要吸引更多高端消費者，但是並未奏效，反而流失中低端消費者。另外，因為擴增品項帶來庫存壓力，對資金鏈的要求也提高了。

2011 年 11 月，凡客上市計畫失敗，創辦人陳年帶領團隊總檢討，逐步朝平台化轉型邁進。陳年的新計畫，包括從外部引進服裝、鞋帽、配飾品牌，讓凡客從一個垂直的電子商務公司，變為一個其他品牌也可以進駐的銷售平台，希望以此擴充品項，同時減少自營業務在銷售、庫

存、成本和資金鏈方面的壓力。凡客的目標，不在於成為像淘寶一樣只提供交易場所，卻不自營產品的平台，而是希望在開放銷售平台的同時，依然維持一定公司自有品牌產品的比例。

2012 年陳年接受採訪時，曾說過：「我們願意把凡客 3,000 萬名實際購買的客戶，以及每天巨大流量分享給傳統服裝、服飾品牌。之前，這些品牌認為凡客是競爭對手，但今天我們可以合作，我們能力不及的地方，可以讓更合適的品牌商去做。透過流量進行額外變現 (註1)，同時實現雙方共贏[26]。」在這次採訪中，第一次出現了具平台化商業模式意味的關鍵字「分享」。

2013 年 5 月，凡客正式展開平台化，引進更多廠商品牌進駐，抽取銷售額的 5％為佣金[27]。除了擴張品項和產品，凡客也計畫透過平台，尋找在物流供應鏈方面反應速度快的中小型合作夥伴。過去，凡客原有的供應鏈體系非常龐大，物流配送速度慢，因此希望可以透過平台引進其他企業、資金，以及擁有專業資源的機構共同合作，提升其物流和供應鏈的效率。

但是，嘗試不到一年後，凡客平台化的轉型就逐漸出現問題。雖然沒有官方說明，但是平台上開始流失其他廠商品牌、凡客也停止投入資金，表明凡客逐漸放棄這次轉型。2013 年，由市場調研機構艾瑞市場諮詢有限公司發布的資料顯示，凡客雖然仍排名中國 B2C 購物網站的第

（註 1）額外變現：將流量以其他方式變成現金，如讓其他品牌商獲利，或者爭取廣告主下
　　　　廣告。

10 名，但市場占有率已下滑到 0.7%，與 2012 年底的 1.2% 相比，大幅下滑 0.5%。直到 2014 年，凡客已經被擠出排行榜前 10 名[28]。

凡客放棄平台的原因可能來自於三方面：

首先，是短期的資金壓力和上市準備期的業績壓力。眾所周知，平台的成型需要一段培養期，才能逐漸形成同邊和跨邊網路效應，進一步發揮規模效應，平台從業者需要投入資金，做好長期培育生態體系的準備。但是，凡客在轉型時，卻處於準備再次上市的關鍵時刻，公司內部管理人員和外部投資者對於盈利能力的要求高，無法持續投入大量資金。更何況市場占有率仍不斷縮減，投資報酬率降低，資金壓力可想而知。所以，凡客只能放棄擴張平台的燒錢模式，逐漸提升資金投資報酬率和業績水準[29]。

其次，韓都衣舍是透過組織內部轉型為平台，凡客則是採取平台化商業模式和垂直模式並進的做法。凡客開放平台給外部品牌入駐的同時，還繼續經營自有品牌，造成品項重疊，其他商家品牌瓜分了原有的流量，自有品牌受到擠壓。加上許多協力廠商品牌在電商產業經營多年，在淘寶等其他大平台上都有相當的營運經驗，因此熟悉怎麼利用站內資源，迅速在凡客的搜尋結果中排行前面，排擠凡客自家產品，形成激烈競爭。

而在內部營運上，平台和垂直兩套體系也並沒有完全劃清界線。做為一個平台商，在轉型過程中，凡客對其他廠商品牌的干預相對較多，以平台主導者的強勢身分面對外來參與者。這與韓都衣舍為設計小組們「提供服務」的角色迥然不同，凡客更多的角色是在「管理」這些品牌，

像是其他品牌商家加入平台後，要參加凡客舉行的促銷活動，否則商品
會在促銷期間被下架[30]，此舉引發平台商家不滿和反感。最終，凡客還是
從轉型路上走回原有的自營路線。

從凡客誠品和韓都衣舍的例子，我們看到兩種截然不同的轉型方式，
一個完全依賴內部資源，透過調整內部的結構來轉型，另一個引進外部資
源，內外結合進行轉型。這兩種模式並無優劣之分，兩者的目標消費者、
市場環境、創立時間點都不同，也不適合拿來直接做對比。

但我們想要強調的是，在企業或組織進行平台化轉型的規畫時，必須
注意盤點內外部資源，釐清權、責、利關係。

盤點內部資源

所謂攘外必先安內，所以在轉型時，要先盤點內部的各項資源，釐清
內部的權、責、利關係，找出可利用的資源。

新平台是從原有組織中生長出來的，開拓新模式意味著改變原來做
法，占據原有的資源，因此，選對轉型改革的切入點格外關鍵。要注意，
轉型的關鍵字是「轉」，而不是「創」。一方面，原有業務模式代表舊有的
江山，如何保持原有的優勢是門學問；另一方面，所謂不破不立，必須突破
原有的狀態才可能轉型成功，把未來十年的痛苦一次吞下，不改變根本無
從發現新機會。

最佳狀態當然是既能夠開拓新業務模式，又能夠對原有的業務進行適

當的升級，去蕪存菁，留下優勢。最糟糕的狀態，可能是「撿了芝麻，丟了西瓜」，非但在新業務中沒有挖到寶，反而失去原有的市場資源。所以，傳統企業的轉型，不僅是一場商業的試煉，更是對智慧與習性的挑戰。

梳裡外部資源

打破固有價值鏈，也意味著打破和上下游之間的合作關係，所以分析外部資源是不可少的一環。原來的供應商可能會成為平台上的一個「邊」，競爭者可能變成合作夥伴，產業內的壟斷者則可能成為你挑戰的對象。因此，在轉型過程中，要重新定義與外部實體的銜接關係，並重新塑造與他們的權、責、利關係。

在企業或組織的對外交流中，最常與企業打交道的單位包括供應商（如原材料、資訊系統、服務供應商等）、客戶、外包商（如 OEM 代工工廠、ODM 設計機構等）、銷售合作商（如商場、代管商、經銷商），以及其他的合作商（如物流倉儲夥伴、行銷廣告機構），甚至是競爭者及政府機構等。當企業開始轉型並重組價值鏈時，既會引進新的利害關係人，也會觸動這些實體單位間的關係。

從「傳統垂直價值鏈模式」轉到「平台商業模式」，企業原來是賽場上參賽的運動員，但是當發生轉型時，企業卻從運動員轉為裁判或教練的角色，因此如何協調彼此的新關係至關重要。

企業與外部資源的 3 種新關係

　　轉型過程中，企業組織與外部資源之間，可能出現 3 種關係的變化，分別是新建合作關係、轉變合作關係和切斷合作關係 (見圖 3-6)。

圖 3-6　盤點外部資源產生的 3 種新關係

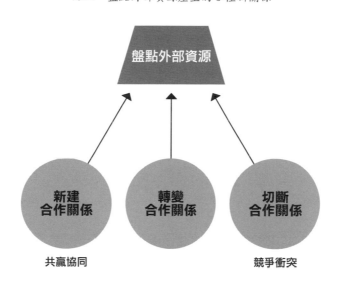

　　「新建」合作關係——獲得新資源。獲得新資源的過程中，平台可能會引進原來的競爭者，成為平台的合作或參與夥伴，這種情況極具挑戰性，平台要找到讓競爭者加入的動力，比如平台模式的前景好、規模效應、更安全的交易環境，及解決產業長久難以解決的問題。同時平台還可能會引進全新的「邊」，它與企業原有的業務並沒有關聯，而是在轉型過程中，創

造新的合作關係。

比如中國最大的鋼鐵企業寶鋼集團，在 2015 年美國《財富》雜誌評選全球 500 強企業中，排行第 218 名。近年來，同樣面臨全球鋼鐵業產能過剩、利潤微薄等挑戰，在中國，因為鋼鐵業下游需求相對減少，經營壓力大增，還有鋼鐵貿易缺乏值得信賴的交易體系等問題。在這樣的環境背景下，寶鋼尋求平台化轉型，想從一個鋼材生產企業，轉型為交易平台，可以在平台上進行相對透明的資訊、價格溝通和交易。

於是寶鋼在上海寶山區政府協助下，投資成立上海鋼鐵交易中心（又稱為歐冶「Ouyeel」電商），在轉型過程中，寶鋼最大的挑戰，就是如何吸引其他鋼鐵集團到平台上進行交易，如鞍山鋼鐵、首都鋼鐵、沙鋼、馬鋼、包鋼等，這些鋼鐵公司的交易量都很大，是平台不可或缺的參與者。

根據 2015 年上海鋼鐵交易中心網站介紹，上述鋼鐵公司已經在歐冶平台上開設商鋪，之所以選擇加入上海鋼鐵交易中心平台，是因為平台幫助它們解決一些長期存在的痛點和問題。上海鋼鐵交易中心的做法包括：對鋼鐵產品和供應商資訊進行分類，協助買方進行決策，減少不必要的資訊；客製化進行自動定價方案，解決鋼鐵價格波動頻繁的問題；推出東方付通的線上支付工具，解決多種支付方案的複雜性問題。

未來，上海鋼鐵交易中心還將從規模效應、贏家通吃、先行者優勢等角度出發，鞏固平台對競爭者的吸引力，提升自身競爭力。

「轉變」合作關係──轉化舊有資源。轉型過程中，平台需要改變和其他實體單位的合作關係。

以平台的立場對外合作，不管企業在原價值鏈中的優劣勢，在轉型成

為平台時，都被賦予新的談判定位。較為強勢的企業，要敢於捨得放棄既有利益，爭取對方參與；較為弱勢的企業，則要利用兩手策略，爭取權益、創造價值。

所以，想要轉型做平台的企業，不論在原來產業中是個小兵、還是大鱷，在一定程度上，都要拋棄原有的立場或慣性思維，用新的平台定位與胸懷，去接觸以往產業鏈上下游的合作夥伴。

「切斷」合作關係——放棄不適合的資源。當垂直價值鏈被解構，在「研發創新－採購－生產－管道－行銷－客戶服務」等環節中，勢必有一個甚至多個環節會被顛覆或剔除，此時，平台企業要下定決心，拋棄不合時宜的合作夥伴，哪怕彼此有良好的合作關係，同時還需要有氣魄，去大膽挑戰原有的壟斷者。

「拋棄合作者」是因為在新的平台組織架構下，過去的合作者若不再適合新生態圈，就必須被捨棄。例如之前提到的泰德煤網，就是透過發展煤炭交易標準化、透明化，去除過去靠關係的銷售，最終成功發展煤炭交易平台。

「挑戰壟斷者」是指當平台出現時，會挑戰原有市場結構中的資訊屏蔽者的利益，進而動其「乳酪」（指既得利益）。例如，當家事服務公司從垂直模式轉為家事服務平台時，使得保母資訊透明化，因而受到家事仲介公司的抵制；再如，叫車平台的出現，影響計程車公司的收益。企業只有排除這些潛在「地雷」，並做好後續的風險管控，才能對業務發展有所裨益。

無論是「新建」、「轉變」，還是「切斷」原有的合作關係，都是企業對外部資源進行一次全面性的盤點，改變原先和外界既定的權、責、利關係。

第 3 節

調整組織架構的
4 種模式

在完成「協同程度」以及「資源依賴」兩個維度的分析後，我們再來具體探討，在這兩個維度交叉所形成的 4 種轉型狀況下，企業組織架構的調整模式。

模式 1：舊轉為新

在此模式下，企業依靠自身資源建立起平台組織，同時平台新業務與企業原有的舊業務在組織架構上相得益彰、產生協同，原有業務最終完全轉變為新的業務。

選擇「舊轉為新」模式，有幾個先決條件：新平台業務模式與原有舊業務高度相關；市場上沒有現存的強大平台；新模式可以依靠自有資源進入爆發成長期；原有業務模式將不再適用於未來的市場狀況；以及新平台能夠充

分調整、運用組織現有資源（見圖 3-7）。

圖 3-7　組織調整模式 1：舊轉為新

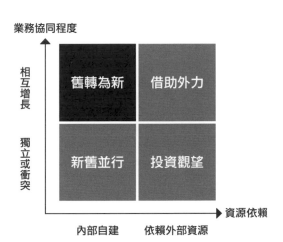

選擇「舊轉為新」模式，要注重原有能力的傳承，保證在轉型時，即使對原有組織進行大規模變革，也不會失去原有的核心優勢。在轉型過程中：要抵制原有業務的慣性；處理並控制新舊業務產生的衝突；建立內部專門團隊負責推動轉型，由具備調派組織現有資源及具有影響力的經理人專責領導；要合理規畫轉型的節奏和速度，具備良好的人際關係，可以解決衝突、推動創造性合作；團隊成員必須具備全方位的技術和專業知識，深刻了解現有業務的本質，同時知道如何實現新平台業務與原有業務的相互成長。

在「舊轉為新」模式中，公司轉型的核心是「傳承舊有能力」，一般遵循的步驟流程如下（見圖 3-8）：

盤點業務關係：包括分析新平台業務與原有業務模式的差別，研究舊有能力在新業務中的作用，接著找到協同處與衝突點。

穩定舊有能力：先分析舊有能力在新平台上落在何處（人才、流程、管理方法），保留這些舊有能力，以產生綜效與支援。

調整組織架構：形成新的組織架構、流程、管理方法；接著建立平台，發揮舊有能力成為核心競爭力，並引進新的能力以化解衝突。

處理歷史包袱：調整原有的供應商、客戶關係，處理可能的衝突。

營運新興平台：分階段、分目標營運；接著小步快跑、快速調整。

圖 3-8　舊轉為新 5 步驟

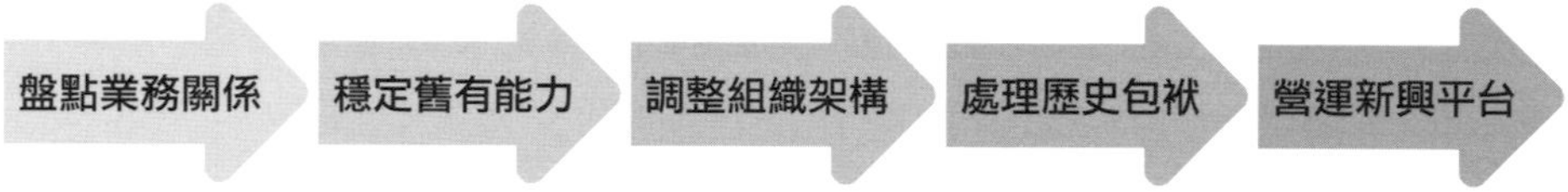

| 盤點業務關係 | 穩定舊有能力 | 調整組織架構 | 處理歷史包袱 | 營運新興平台 |

2015 年榮昌洗衣公司旗下的 e 袋洗公司向平台化轉型，就符合「舊轉為新」的模式。

e 袋洗的平台化轉型做法，是利用已經累積的顧客數量、品牌效應、市場行銷能力和現有的網站及手機應用等，聚集各種洗衣需求，當榮昌接到顧客的洗衣訂單，由 e 袋洗收單後，不僅分配給自有門市，也導流給其他連鎖品牌門市。

e 袋洗的平台業務和榮昌原有的洗衣業務重疊性非常高，業務內容幾乎一致，因此能夠產生更大的綜效，而且 e 袋洗的中高層管理人員很多有互聯

網背景，理解平台的策略模式，在管理與人才方面可以沿用原有體系。

在市場與客戶方面，原有業務與平台業務的客戶群大部分重疊，都是需要洗衣、注重生活品質的客戶，因此從榮昌育成出來的 e 袋洗，對用戶有強大的吸引力。在生產與研發方面，無論是洗衣技術的提升，還是手機 App 的開發，e 袋洗也與原有業務相一致。

平台實例

<h1 style="text-align:center">榮昌 e 袋洗
舊轉為新，洗衣業界的淘寶</h1>

榮昌創立於 1990 年，是一家有 20 多年歷史的洗衣連鎖公司，在中國各地有 1,000 多家門市，旗下包括榮昌、伊爾薩、珞迪（精品養護）三大品牌[31]。

2013 年下半年，榮昌開始向互聯網轉型，成立榮昌 e 袋洗公司，率先推出每袋人民幣 99 元的「e 袋洗」服務。消費者只要透過微信、手機 App 下單，便會有專人上門收取衣服，只要消費者能把衣服塞進一個專用的袋子中，無論衣服的數量多少，都只收費人民幣 99 元。

這項服務在市場中逐漸受到消費者認可，訂單量逐漸成長，e 袋洗不再滿足於依靠母公司榮昌旗下的品牌和店鋪，來服務市場需求，而是透過平台獲得更大空間，其做法是舊轉為新，從垂直型的洗衣店轉型為平台型的洗衣聯盟入口，因此可簡單理解為「洗衣業界的淘寶」。

e 袋洗的平台連接洗衣店和顧客，顧客在平台下單，洗衣店在平台接單。e 袋洗利用現有的品牌效應、引爆市場的能力，以及手機應用 App

來吸引顧客，接到大量訂單，再把這些洗衣業務分配開放給其他洗衣公司和洗衣店，比如伊爾薩、福萊特等品牌，把以往的競爭對手轉換成為參與者[32]，目前在平台上已經有數千家洗衣門市加盟[33]。

對於平台上這些加盟洗衣店的選擇標準，e袋洗的原則是，寧願選擇合格的競爭者參與平台服務，而不是現有的自營店鋪；為了嚴格控制洗衣店的洗衣品質和服務水準，還透過手機App，針對洗衣送衣時間、顧客評價、洗衣店的產能、效率等進行管控。e袋洗還招募社區中的50、60歲的退休人士、家庭主婦，利用外包模式來解決送衣、收衣的運送和物流的需求。同時也在社區內培訓人員，保證用戶下單後半小時內，就上門收衣、送至專門的洗衣店、並在48小時內完成洗衣，並送回顧客家裡[34]。

榮昌從垂直模式向e袋洗平台化模式轉型是一個「舊轉為新」的例子，發展過程中，充分運用榮昌在洗衣產業累積的經驗與資源，再加上e袋洗團隊強大的市場行銷能力，及手機App、微信帳號等新科技的溝通方式，吸引大量使用者，成為家庭生活的服務入口平台。在2016年初，榮昌已經關閉所有的自有品牌店，完全轉為一個互聯網平台公司，徹底舊轉為新。

模式 2：新舊並行

「新舊並行」模式適用於公司想嘗試新平台業務，卻又不想拋棄原有的

業務，比如新平台的業務模式屬於新業務、新領域，需要搶先業界，然而
前景又不十分明朗。同時，原有業務尚未進入衰敗，仍有很好的現金流和
投資回報，一方面利用新平台嘗試抓住潮流與機會，又不放開原有業務，
此舉可分散風險，避免公司顧此失彼，確保不會錯失由新機遇所帶來的轉
型機會（見圖 3-9）。

圖 3-9　組織調整模式 2：新舊並行

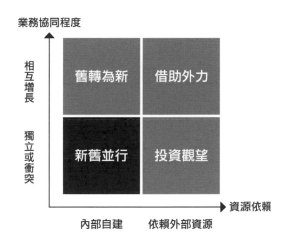

在「新舊並行」模式中，公司轉型的步驟是為新公司建立新制度，一般
遵循的步驟如下（見圖 3-10）：

盤點業務關係：分析新平台業務與原有業務模式的差別，研究原有能力
在新業務中的作用，找到合作處與衝突點。

建立新的組織：根據新業務模式的要求，建立新的平台型組織；根據平

台要求,組建新的團隊、制度和業務內容。

搭建資源橋梁:由企業內部為新業務模式輸送資源,包括人力、資金、客戶關係、過去在產業內累積的發言權及聲譽、產業經驗等。

分清權責關係:釐清新業務與原有業務的權責關係,放權給下屬與更多授權;當新平台搶了原有業務,解決可能的利益衝突;分配新產生的利益。

營運新興平台:分階段、分目標營運;小步快跑、快速調整。

圖 3-10　新舊並行 5 步驟

| 盤點業務關係 | 建立新的組織 | 搭建資源橋梁 | 分清權責關係 | 營運新興平台 |

我們來看一下,台灣的購物公司富邦媒體科技股份有限公司(momo)是如何從電視購物為主業的狀態下,轉型發展成為電子商務公司。

轉型時,新的網路購物業務雖然被看好,但也存在龐大壓力,還有來自於公司內外部的懷疑,所以新平台始終保持獨立,避免與原有電視購物業務正面交鋒,降低可能的敵對情緒,讓新平台業務與原有業務並肩齊行。

平台實例

富邦 momo
分清權責利關係,新舊並行找到協同點

台灣的電視購物產業興起於 2000 年左右,重要的參與者除了電視

台旗下，如東森電視台旗下的東森購物頻道，也有 2004 年成立的富邦科技。隨著網路時代來臨，富邦在電視購物、實體購物和網路購物三方面同時布局，用新舊並行的模式，讓網路購物有充分的發展空間和機會，最終獲得成功，2015 年電視購物加網路購物，全年營業收入達到新台幣 256.4 億元。

富邦自 2008 年留意到網路購物的趨勢，便決心投入資金和人力進行開發。當時正值電視購物的鼎盛時期，要如何安排新業務的位置，成為管理階層的重要考量之一。

富邦的做法，是讓新業務（網路）和原有業務（電視購物）並行，由總部決定資源分配，而不是將新業務掛在電視購物之下，這樣可以適當將資源挹注到新業務。富邦的做法名為「刻意的不公平」，比如，電視購物會為網路導流，網路庫存優先順序也高於電視購物等，如此一來，首先，確認新業務會有穩定且成本較低的客源不斷流入；其次，確保網路上是比較受歡迎的貨品。

富邦將兩項業務分割成兩個經營體個別管理，但由總部進行協調和資源配置，確保新業務受到較好的保護。面對這樣的資源傾斜，原有業務難免會產生敵對和反抗情緒，因此，富邦透過集團溝通，設定更彈性的獎金考核制度等，讓原有業務意識到，或者實際接受新業務的重要性。富邦清楚切割業務、坦誠溝通、政策明確，避免發生內部民怨卻不敢表明，造成雙方對立的情況。

此外，隨著電視購物與網路購物業務的展開，卻產生許多意外的碰撞與合作機會。新業務與原有業務好像是業務中的甲乙方一樣，發現更

多合作的可能。比如，原有業務（電視購物）在庫存管理、客戶累積方面有優勢，所以導流給新業務（網路購物）。而網路購物擅長洞察消費者的動向和趨勢。而且在網路上透過大數據分析，客戶瀏覽、點擊、購買、放棄等行為的資料非常豐富，新業務用這些資料製作商品結構、顏色、品牌等多方面的採購和行銷建議，製作成詳細的消費者行為報告提供給原有業務，幫助原有業務找到新的著力點與新商機。

所以，在初期明確劃分為新業務與原有業務兩個團隊，清楚規範權、責、利關係，反而更有機會促進團隊之間的火花，甚至創造合作空間。2014 年，富邦正式結束實體零售，當年網路購物和電視購物兩個事業體，貢獻全年 200 多億元營業額，電視購物排名全台第一，網路購物排名第三。

中國知名的金蝶軟體公司，在開發針對個人使用者的記帳軟體平台時，也採用「新舊並行」的模式。以往金蝶的業務一直集中在 B2B 領域，所以要開發 B2C 領域的業務時，新舊並行的模式讓團隊更為獨立，更積極的了解個人消費者而獲得成功。

金蝶軟體公司
新舊並行突破市場，再獨立分離

金蝶軟體公司是家經營 20 多年的企業軟體服務商，擁有 400 多萬

家企業客戶，提供企業資源規畫（ERP）、進銷存系統、財務會計管理軟
體及雲端產品與服務。

近年來，金蝶採用「新舊並行」的方式平台化轉型，在內部陸續育
成多個新平台，比如「雲之家」是企業內管理即時消息，進行行動辦公
應用；「友商網」是線上 SaaS 會計財務的應用，提供線上對企業業務及
財務資料的查詢、分析及決策；「快遞 100」提供快遞單號查詢、快遞通
路電話查詢、快遞價格查詢、網上寄送快遞等服務，連接使用者與快遞
服務商。

「隨手記」和「卡牛」產品，也是金蝶「新舊並行」轉型的代表性
平台。其中，隨手記原來只是一個行動 App 的記帳小工具，逐漸發展成
為 2 億用戶、人民幣 400 億元交易額的理財管家平台。

在產品誕生之初，金蝶創辦人董事長徐少春認為，隨手記是一款
B2C 的軟體應用產品，與金蝶主要的 B2B 業務重點並不完全一致，而且
金蝶本身擅長於服務客戶，一直在垂直價值鏈模式下推動業務，隨手記
產品面對個人消費者，想要打造的是平台業務，兩者差別甚大。但是，
徐少春仍看好隨手記的前景，於是在金蝶辦公大樓獨立規畫出一個區域
讓隨手記團隊獨立營運發展，並提供資金與經驗支援。

在隨手記的發展過程中，採取新舊並行的做法，此舉也在突破個人
用戶市場時提供很大空間，隨手記團隊更成立「隨手網」，由谷風擔任執
行長。

隨手記在發展個人用戶的過程中，相當關注消費者體驗，並且不斷
開發新功能。當時團隊發現，個人用戶除了有記帳需求，還希望有理

財、財務管理的建議，特別是一些年輕人希望能夠透過記帳軟體，提醒
自己合理支出，有效分配資金。所以，隨手記建立了使用者社群，鼓勵
使用者在社群多交流，並根據使用者建議，開發出相關的財務管理功
能，提醒使用者合理花費、積極理財。還與銀行、基金公司等金融機構
合作，在記帳軟體裡直接導入金融理財產品，提供使用者更便捷的金融
理財服務。

金蝶給予這個新團隊相當大的自主空間，儘管隨手記和卡牛已經成
為市面上用戶數量最多的記帳類產品，但多數使用者並不知道，這些都
是金蝶旗下的公司產品。這樣的新舊分離，也促使隨手記的團隊成長。

模式 3：借助外力

「借助外力」模式，是指企業或組織利用外部平台，改造或開拓現有業
務，參與已經做大的平台。它既指企業從外部納入一個平台，而後進行全
公司整體的平台化轉型；也指企業借助外部平台，做為銷售、市場、管道，
甚至內部管理的工具。前者比如一些企業利用收購、併購、投資入股的方
法，獲得一個外部既有平台，然後將所有業務套入新平台，繼而將公司業
務轉型成為平台的業務；後者像是一些企業利用平台做為銷售管道，在天貓
上開設店鋪，藉由外部的平台發展現有業務（見圖 3-11）。

圖 3-11　組織調整模式 3：借助外力

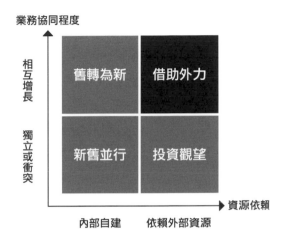

在「資源依賴」這個坐標上，新平台主要借用外部資源來轉型為平台、或是借助外部既有的平台，或是與外界合作建立平台。與自建平台相較，利用外部資源可能使成本更低、時間更快、市場接受度更好。

在「平台新業務與原有業務協同程度」坐標上，新平台與原有業務在組織上是互相融合、互相成長的，外部資源能夠用來改造，或者幫助開拓現有的業務。因此，新平台會與原有業務有較多的協同和互動。簡單來說，在「借助外力」模式下，企業用外部資源來改造原有業務，把原有業務套入現成的外部平台，相對快速的完成轉型。

當然，借助外力來轉型也不是盲目進行，要先分析外部平台和企業內部的契合度，尤其在協同和衝突分析上，明確評估平台業務對原有業務的影響，了解兩者結合後會帶來怎麼樣的效果，所以，對於外部資源的選

擇、合作方式的設計，往往成為首要之務。一般遵循的步驟如下 (見圖3-12)：

選擇外界資源：分析外界資源的核心競爭力和優勢，在市場上選擇合適的資源。

盤點業務關係：分析原有業務與新平台的業務關係，找到協同處與衝突點。

設計合作方式：設計合作方法，考慮雙方配合的輕重程度，外部資源如何改造原有的業務。

分清權責關係：盤點原有業務與外部資源的權、責、利關係；解決可能的利益衝突。

借助外部資源：借助外部的資源，利用協同，完成內部轉型。

圖 3-12　借助外力 5 步驟

選擇外界資源 → 盤點業務關係 → 設計合作方式 → 分清權責關係 → 借助外部資源

像是九陽集團從豆漿機開始發展，逐步成為小家電產業的領軍企業，近年來，更計畫打造一個兼容多種飲品的平台，即在九陽 One Cup 膠囊豆漿機或（咖啡機）上，可以沖泡製作自家及其他品牌開發的咖啡、奶茶，或者是多種口味的豆漿飲品，讓 One Cup 機器激發更多飲品廠商的創意和參與，共同滿足消費者多元需求。

九陽雖然累積多年傳統製造業的優勢，卻沒有開發平台的經驗，因此

分析、選擇、利用了幾個互聯網平台，如生活服務消費指南的「大眾點評」、「美柚社群」，將食品、用品等快遞給學生的「59Store」，在線上精準開發新用戶群體，引導他們線下進行產品體驗，以期將 One Cup 打造成為一個通用的飲品平台。

平台實例

九陽 One Cup
借助外力打開市場，從線上導回線下

九陽集團創立於 1994 年，以豆漿機起家，經過 20 年發展，成為小家電產業的領頭羊，產品涵蓋豆漿機、電壓力煲（壓力鍋）、電磁爐、電水壺、料理機、榨汁機、製麵條機、蒸飯煲、淨水器、新廚電等。

One Cup 膠囊豆漿機（咖啡機）是九陽內部研發 5 年，所推出的一款重點產品，也是九陽集團平台化和互聯網轉型的重要嘗試。One Cup 主要對象是城市的白領階級，主打只要 30 秒時間，就能製作出一杯味道豐富的豆漿、咖啡，或者是奶茶飲料。這個商業模式並非原創，而是取經自歐美，即近年相當成功的綠山（Keurig）和 Nespresso 膠囊式咖啡機。

九陽不僅出售機器，同時銷售近 20 種 One Cup 品牌的飲料膠囊，並且透過膠囊專利授權，引進其他廠商飲料，打造一個連接飲料品牌和大眾消費者的飲品平台。就像美國的綠山單杯飲料系統平台上，就集合星巴克、Dunkin' Donuts（甜甜圈品牌）、Lavazza、立頓、UCC 等 60 多個飲料品牌。

膠囊飲料是兆元級飲料產業裡的一個全新市場，但要使用者改變習慣的過程相當不易。在歐美，綠山和 Nespresso 各經歷了 10 多年的探索，銷量才出現爆炸式的成長。在產品探索過程中，One Cup 團隊發現線下的產品體驗和線上的精準行銷，是教育使用者的關鍵環節。針對這兩個重要問題，One Cup 借助外部平台的力量。

線下產品體驗：One Cup 透過消費者調查發現，One Cup 是學生早餐和消夜的最佳選擇，因此在大學生群體中很受歡迎。然而，傳統滲透高中生群體的方式，難度高、成本大、規模化慢，於是 One Cup 選擇與外部平台合作。2015 年 9 月，One Cup 與校園 O2O 生活服務平台 59Store 達成協議，59Store 的數萬名學生宿舍「舍監」，可以利用 One Cup 豆漿機製作和販售新鮮熱飲（豆漿、咖啡、奶茶），藉此取得接觸中國數千萬高中在校學生的機會，也讓他們實際體驗到 One Cup 飲品，成為膠囊豆漿機（咖啡機）的潛在購買用戶。

線上精準行銷：針對都會白領這些目標客群，One Cup 與「大眾點評」合作，推出「液體月餅」概念，結合中秋節吃月餅的話題，討論「中秋節最無聊禮物是什麼？」並且發起投票評選，短短一週內，就引起數十萬人關注，並有數千人在網上 PO 出自己最不願意看到的禮物，就是「月餅」。隨後，One Cup 順勢推出「液體月餅」海報，以新意突破傳統月餅，贏得使用者口碑。

One Cup 也針對女性生理期推出「黑糖薑茶」和「四紅豆漿」飲品，早在產品研發階段，就與中國最大的女性生理期社群「美柚」合作，在美柚社群中招募深受生理期困擾的會員，搶先產品體驗，再根據會員的

回饋進行配方調整。當兩款產品正式上市時，One Cup 也延續在美柚社群中內測的聲勢，同步發出上市訊息，達到精準行銷的目的。

　　為了打造屬於華人、有中國飲食特點的飲料平台，外部的互聯網平台為 One Cup 的成長插上翅膀。社群是互聯網時代的熱門概念，借助成熟的垂直互聯網社群平台，產品的推廣將更為精準；合理借助成熟的電商和 O2O 平台，產品將有機會以傳統管道難以實現的速度，迅速搶占目標消費族群。在「速度就是產品生命線」的今天，如何借助外部平台力量，是傳統企業可以思考和實踐的方向。

　　裝潢設計領導者金螳螂公司，也是一家借助外部成型的裝修平台「家裝 e 站」，進行企業轉型的例子。在不斷擴張業務範圍的過程中，金螳螂發現平台化模式的吸引力。經過一番市場考察後，選擇收購一家線上平台，而非自己搭建平台，從而快速的開展平台業務。

平台實例

金螳螂
收購既有線上平台，迅速擴大業務領域

　　總部位於蘇州的金螳螂公司，成立於 1993 年 1 月，是一家以室內裝修設計為主業的建築裝潢公司。

　　公共建築裝飾一直是金螳螂的優勢業務和主要業務，也曾參與 2008 年奧運會主會場（鳥巢）、國家大劇院等專案的裝修設計，但金螳螂並不

滿意這樣的業務配置和模式，雖然公司定位在高端市場，但公共建築裝飾的毛利率只有 17％左右[35]，而且市場占有率低，即使位居產業龍頭，但進入產業門檻較低且參與者多，加上市場分散，金螳螂的銷售只占整個裝修市場占有率的 6％至 8％[36]。因此，金螳螂亟欲擴展到如個人家庭裝潢等領域。

經過對內部資源和外部市場環境的分析，2014 年金螳螂選擇收購「家裝 e 站」公司，進行平台化轉型。金螳螂計畫結合原有的公共建築裝飾業務優勢與現成的家庭裝潢業務平台，成為涵蓋家庭裝潢、公共建築裝飾的線上線下交易服務平台，平台上的一邊連接需要裝修的個人和公司，另一邊則提供服務的設計師、裝修公司等[37]。

金螳螂之所以選擇「借助外力」的模式，而非自己重新打造一個平台，這和家裝產業的市場競爭相關。中國的家裝產業已經有美樂樂、齊家網、土巴兔等平台公司，這些平台少則成立了五、六年，多則數十年，已經在家裝平台領域耕耘許久，如果金螳螂重新投入大筆資金建立平台，勢必要和這些公司競爭。

而金螳螂選定的合作對象「家裝 e 站」，成立約 4 年時間，在業界已有一定基礎，也有一套相對成熟的模式，並且在中國 70 多個城市都有業務，相較於其他平台較為年輕，能夠進行改造，也能和金螳螂原有的業務相互影響、相互融合。這些基礎都能夠幫助金螳螂迅速的切入自己並不熟悉的兩個領域：家庭裝潢與電子商務[38]。

因為從時間點來說，2014 年前後是中國互聯網平台最火的時機。金螳螂收購家裝 e 站，能夠快速切入裝修平台領域，而不用耗費時間等

待自建平台成熟，同時在品牌、供應鏈、施工管理、成本收益分析等方面，金螳螂已有豐富經驗和能力，如果能與互聯網上的家裝 e 站相結合，將能夠簡化並標準化家庭裝潢的過程，提升客戶體驗。

雖然金螳螂經過審慎的分析，選擇了家裝 e 站，以借助外力的方式實現企業轉型。但遺憾的是，2015 年 8 月，金螳螂宣布出售家裝 e 站股分，原因是「股東之間對於家裝的商業模式、經營模式上意見分歧。」[39] 很多報導認為，雖然家裝 e 站在業務上和金螳螂互補，對互聯網產業也相當熟悉，但是家裝 e 站強調互聯網精神，注重流量，為吸引較多的客戶，運用團購的方式進行購買、壓低價格；而金螳螂仍是傳統經營思維，看重品質、獲利率和財務資料，雙方在關鍵的經營模式、擴張速度及心態上存在分歧。

雖然此次轉型宣告失敗，但從金螳螂的案例中，我們看到選擇借助外力這種解決方法時，必須更為謹慎，要分析外部資源和內部原有業務的融合程度，梳理權、責、利關係，解決可能的分權、擔責、分利衝突。因此，5 個步驟缺一不可，除了在策略上相融合，更重要的是在營運時要相融合，才能運用外部平台改造原有業務，帶領原有業務發展壯大。

模式 4：投資觀望

「投資觀望」是指企業或組織透過投資、收購等方式參與外部現有的平

台，但是這種模式的參與度很低，與企業或組織的原有業務幾乎沒有連動關係。同時，原有業務和新平台業務產生的綜效程度低，讓新平台維持獨立，新業務與原有業務在策略上並無連結（見圖3-13）。

　　這種「觀望」的態度，相對尊重現有平台的獨立，目的是分散利潤、分散風險，或者對新的產業初步關注。在平台時代，特別是新興產業的跨界交流十分頻繁，今天還是毫不相干的產業，明天就可能正面交鋒，所以投資觀望對於企業或組織分散風險，防禦競爭對手進入新領域時，很有幫助。

圖 3-13　組織調整模式 4：投資觀望

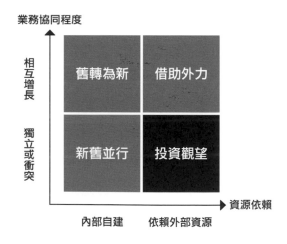

　　從「業務協同程度」的坐標來看，新平台要與原有業務保持相對獨立；在「資源依賴」坐標，這些平台大多是已經存在，而不是轉型企業或組織自建。簡言之，就是想要轉型的企業或組織，選擇投資與本身業務相對關聯

性不緊密的其他業務，利用外部資源來參與（但不控制）平台新業務。

　　轉型的企業或組織透過投資、持股等形式，參與一個外在的獨立平台，平台業務與企業原有的業務並不需要融合。「投資觀望」與「借助外力」的模式，都是和外部平台進行合作，但在借助外力的模式中，平台業務與原有業務會有大規模的融合與合作；在投資觀望模式中，平台業務並不會與原有業務產生的關連性，企業內部還是維持原有模式，並沒有轉型，其「平台化轉型」幾乎不會改變原有業務，而這種模式可能是所有轉型模式中影響最小的。

　　「投資觀望」的模式中，一般步驟如下（見圖 3-14）：

　　選擇現有平台：在市場上的現有平台中，選擇適合投資、合作的對象；分析外界平台的核心競爭力和優勢，分析產業動向。

　　分析投資回報：分析投資新平台的短期及長期回報。

　　投資外部平台：對外界新平台進行投資，釐清公司內部與外界平台之間的權責關係。

　　分析產業動向：透過平台獲取新的產業動向，持續提升原有業務的競爭力。

　　影響內部營運：根據產業動向，可能影響現有業務，對原有業務進行盤點、升級。

圖 3-14　投資觀望 5 步驟

選擇現有平台　➡　分析投資回報　➡　投資外部平台　➡　分析產業動向　➡　影響內部營運

223

中國幾大互聯網紛紛投資叫車市場，就屬於「投資觀望」模式。它們投資外部的叫車平台，從而參與叫車平台的競爭，但是這些平台和本身的互聯網業務又各自獨立，重疊較少，目的就是藉由投資來參與並了解新興市場的發展，找機會延伸與升級既有業務。

平台實例

互聯網公司
看好叫車市場「錢」景，先投資入股卡位

2014 年前後，中國商務叫車市場發展得如火如荼，幾大互聯網巨頭，如阿里巴巴、騰訊、百度等公司，紛紛選擇直接投資收購，或部分入股卡位，以取得參與新興市場的門票。

商務叫車平台在中國發展不過短短 4、5 年時間，由於市場需求大，前景看好，競爭相當激烈，市場規模也急遽擴大。2014 年，易到、滴滴、快的、Uber、一號（原大黃蜂專車，後被快的叫車收購，2015 年後與滴滴叫車合併，並改名為「滴滴出行」，但是滴滴旗下品牌皆保持獨立）等多家平台公司，涵蓋中國大部分省市，漸現群雄割據的態勢。

在這樣的市場環境下，互聯網公司如果想要分享叫車市場利益，不可能自己從頭打造一個叫車平台，而是選擇以投資方式來參與。因為互聯網公司的主要業務還是搜尋、社交、遊戲、電子商務等線上業務，雖然能夠與叫車業務產生部分交集（如地圖、O2O 生活服務等），但實際業務仍相距甚遠。

所以，互聯網巨頭不約而同選擇以「投資觀望」模式，來介入叫車

市場：阿里巴巴投資「一號專車」、騰訊投資「滴滴專車」、百度投資了Uber。透過入股或投資方式，互聯網公司能夠分享叫車平台未來發展的潛力，又不用花重金從頭打造。

當然，在投資觀望的模式中，原有業務和平台業務並無交集，所以兩種業務在現階段的營運上，仍是各自獨立。「投資觀望」的模式，並沒有大幅度改造企業原有的業務，也沒有對收購或投資的平台進行大規模改革，只是為企業留有一個資訊和風向的窗口。

小結：

在這一章我們提供一些工具，希望能夠抽絲剝繭萃取出轉型時最重要的資訊，幫助企業家做出決策，選擇轉型的方法與途徑。

對於轉型企業而言，今日是起點，未來是終點，中間的一段路怎麼走，起點與終點的狀態都息息相關。分析起點的狀況，即梳理業務關係，能夠看到新業務與原有業務之間可能存在的衝突、或是協同，以及所需要的資源。

在轉型過程中，主要的目標就是學會處理組織內，新事業單位與既有事業單位間可能的衝突；並且在「管理與人才」、「市場與客戶」、「生產與研發」與「後台支持」這些方面，盡可能找到彼此的協同點。

企業在轉型過程中，也要學會尋找資源，不必受限於內部已有的資源，外界的合作者也可以共襄盛舉。

根據這兩個考量因素，最終會形成四種不同的轉型模式，分別為「舊轉

為新」、「新舊並行」、「借助外力」與「投資觀望」。當然,在不同階段、不同業務領域上,這 4 種轉型模式可能會交替出現,不必拘泥。關鍵是要領會,在什麼情境下適合哪種對應方式,以及採用此種模式後可能產生的挑戰等。不管哪種方式,最終目標都是要引領企業參與平台模式的創建、培育,並且厚植企業長期競爭力。

第4章

平台化轉型的
人才布局

重塑企業核心能力與
價值觀

企業在轉向平台模式時，核心的思考模式會發生變化。尤其當企業轉向多元與共贏的價值取向時，企業能力、文化價值觀也需要逐步變得更開放且具備遠見。

平台企業的核心價值觀

在傳統垂直價值鏈的思考模式中，企業與上下游進行協商交易，意味著在某種程度上要擠壓上下游，贏過對手，以獲取最大利益。如果利益就是一個大池子，那麼若別人多賺一分，自己就會少得一分，所以，企業經營理念就是要獲取利益極大化，快速賺取唾手可得的第一桶金，而將注意力放在技術和產品上，不斷提升自身的競爭力。

但在平台化商業模式下，著力點會有所不同，企業的經營理念不再只

是獨善其身，而是想要兼善天下，期待事業做大之後，最後一桶金自然滾滾而來。平台化轉型時期的企業價值觀，是要追求更多與周遭環境、競爭者、客戶等上下游的和諧共生、共同成長，一起將產業做大做強。關注點放在如何創造出更大價值，利益不是恆定的，而是靠上下游共同實現產業鏈的多贏局面，企業應更關注於形成完善的生態圈，並提升產業價值。

所以，對於平台化轉型時期的領導者而言，價值觀和經營理念的轉變，往往是企業邁向平台化轉型時，最需要調整的重點。幸運的是，很多想要轉做平台的企業家，大多有著利他的胸襟與走長路、遠路的情懷。

利他的胸懷：轉做平台模式企業家的胸懷，常常決定平台化轉型能夠走多遠。願意投入資源打造平台的企業家，一般都有這胸懷天下、合作共贏的心態，所以並不會急切只想賺眼前的錢，不只想著自己，而是能夠讓參與者和合作者先賺錢，在共生共贏中一起把平台做大。

這樣的胸懷也意味著一種自信，堅信自己能夠耐心等待到平台化規模成型時，獲得最後一桶金。這樣的胸懷可以抵擋短期近利的誘惑，也有著孤注一擲的決心，堅定相信平台化商業模式的魅力和遠景的基礎上，所以能夠掌握自己的節奏，不被外界打擾。

走長路的情懷：有了情懷，平台企業的領導者才會把眼光放得更為長遠，用浪漫主義的心情來勾勒平台對產業、企業或組織的改變，以及對客戶和消費者的幫助和提升，並為了創造一個更高效率、有序、美好而友善的社會和商業環境而努力，最終為客戶、消費者、上下游廠商與員工建立一個更完善的生態圈，完成改變世界、改變產業的夢想。

平台的情懷，也意味著走「崎嶇的路」和走「長路」，因為平台要打造

生態圈的步驟繁瑣，包括設計平台的架構和機制，找到合適的參與者與合作者，吸引多邊的用戶，並找到持續的方法。這個過程不僅費時，更可能出現停滯和反覆，或者不被周遭人理解，甚至會讓領導者也陷入自我懷疑之中，此時必須靠理想及情懷支撐，以策略的角度來看待眼前的格局，才能忍受平台發展初期的陣痛。

胸懷與情懷兩者相輔相成，形成良性循環。因為有改變世界、產業和自我的理念，所以，有創造平台化商業模式的情懷，也因為認同平台商業模式合作共贏的理念，從而可以有更為廣闊而包容的胸懷。

比如台灣的線上音樂網站 KKBOX，目前為華人世界最大的數位音樂服務提供者[1]，在其發展過程中，很早就明白如果想要做大生意，必須具備開放的心態。

平台實例

KKBOX 平台
堅持讓利和共贏，讓平台長久做大生意

KKBOX 與其瑞典的競爭對手 Spotify 相似，都是主打正版音樂分享。在平台上，有音樂人、出版發行製作公司、仲介公司和一般的聽眾用戶參與，透過向消費者收取會員費的方式，讓生產、製作音樂的一方獲益。目前會員身分主要有 3 大類：一般消費者被分為付費的白金會員；剛註冊的白金會員（體驗期）；一般會員，即體驗期滿後未付費、或付費過期即成為會員，可以收聽免費的片段，或用觀看廣告方式來換取收聽免費音樂。

KKBOX 創立時，台灣和亞洲各地都面臨音樂盜版猖獗的情況，在網路上可以隨意下載音樂。KKBOX 認為，這樣對音樂產業的長遠發展相當不利，消費者可能短視的選擇免費音樂，但是，優秀的音樂人和作品都需要資金支援。所以，KKBOX 堅持的價值觀是必須要做正版，而且讓整個產業鏈的上下游都能夠獲取收益，也就是讓上游的音樂人、唱片公司都能夠獲得收入，讓下游的顧客能夠真正聽到好音樂。

KKBOX 堅持與音樂的製作出版者簽訂正式合約，讓唱片公司、製作人和仲介公司都能分享到利潤。有趣的是，KKBOX 和唱片公司簽訂合約時，會付給對方權利金。權利金的計算有兩套體系，一個是按照點擊率，另一個是按照唱片公司的市場占有率。為了表示誠意，權利金的支付是取兩者之高。

KKBOX 聯合創辦人李明哲在受訪時強調，「讓利和共贏」是促使平台能夠長久走下去的關鍵，並且形成更為穩定和諧的「用戶－創作者」的生態圈，也有利於產生更好的音樂作品。

這樣的價值觀和模式經過證明是成功的，2008 年，KKBOX 在台灣地區市場占有率已躍升為第一，自 2009 年開始逐漸拓展海外市場，包括香港、日本、新加坡、泰國、馬來西亞等地。目前已擁有 2,000 萬首曲目（包括全球最大的華語音樂曲庫），獲得超過 500 家主流及獨立唱片公司的合法授權[2]。

平台人才的特質與能力

　　如果只有胸懷和情懷，可能過於夢幻或理想化而無法落實，所以，平台的價值觀更需要落實到「人」的能力與特質上，這時「預見未來」與「鍥而不捨」成為重要關鍵詞。「預見未來」幫助企業或組織找到正確方向和適合時機，「鍥而不捨」鞭策平台往正確方向堅定的走下去，直到達成目標（見圖4-1）。

圖 4-1　平台人才的特質與能力

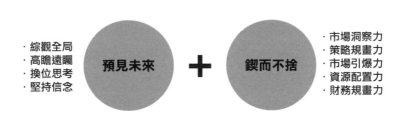

・綜觀全局
・高瞻遠矚
・換位思考
・堅持信念

預見未來

＋

鍥而不捨

・市場洞察力
・策略規畫力
・市場引爆力
・資源配置力
・財務規畫力

預見未來：勾勒遠景，看見未來

　　優秀的平台領導者，比起同業一般的領導者更能洞察未來 5 至 10 年的遠景，從而構想出未來的平台商業模式。這種「構想」，不僅包括企業自身的模式，還包括對整個產業的重塑構想，從消費者、競爭者、客戶、社會、經濟、政治、文化等多方面嗅到資訊，描繪出整體產業未來面貌，抽絲剝繭找出平台模式發揮作用之處，繼而評估自身資源，找到自己的位置，順利進行平台化轉型，納入未來的大版圖中。

　　對大多數人而言，規畫未來的困難點，在於太過理想化而超前，也可能太過極端保守而顯得創意、新意不足。要抓到時間點，找到正確方向，這需要的不只是一種特殊能力，甚至是要有天賦。優秀的企業家在企業成長過程中，透過不斷磨練，越來越了解企業本身、產業格局和社會變革，從中培養出找對方向，且抓準時間點的敏銳預見能力。具體來說，企業家要有這樣的預見能力，需要具有全局觀、高瞻遠矚，並且會換位思考和堅持信念。

　　綜觀全局：平台化轉型會牽涉到多種跨界合作機會，包括產業的跨界，如將傳統產業與新興產業的融合；也有資源的跨界，比如調動企業上下游資源，與供應商和客戶聯合建立平台；還包括組織的跨界，涉及多部門合作、新舊組織之間的交替等，所以，平台人才更需要有能夠綜觀全局的能力。

　　這樣的人要有遠見，不僅著力於產品，更要能為所有相關業者提供發展平台，為客戶提供整體的解決方案、解決痛點。同時要準確預見未來的產業格局及轉型所帶來的影響，不能緊盯個人利益，也不能局限於部門或業務的利益，而要以整個生態圈為重。

　　如榮昌洗衣，1990 年成立至今，2013 年開始轉型進入互聯網市場，過去多年經驗與長久耕耘，創辦人張榮耀對各種相關資源、客戶、合作夥伴，都有全盤的了解與認識，張榮耀便很推崇騰訊的完整生態鏈，把騰訊創辦人馬化騰比喻為生態鏈裡的動物園園長[3]，在這動物園裡，還有獅子王、老虎王、猴王等，每一個領域（合作者、參與者、子公司、部門等）都有自己的老大。所以，平台領導者的任務，是讓所有業者都做到最好的自己，而不是讓他們成為平台的附屬品。

在榮昌的轉型過程中，張榮耀的第一次創新是用「一帶四」模式，就是發展 4 家沒有洗衣設備的輕資產收衣店，透過更廣泛的收取衣服，先提供消費者便利性，再交由一家加盟洗衣店負責清洗，並要求加盟洗衣店的品質控制和服務品質。榮昌著眼整個生態圈的持續發展，而不單只是快速發展加盟店，獲取賣機器設備的短期收入，顯見張榮耀對洗衣產業的全面性了解與大格局。

接著，榮昌旗下 e 袋洗更朝向產業的共有平台化轉型，為了讓衣服能快速洗淨送回消費者手中，e 袋洗獲得大量訂單後，不僅下單給線下近千家榮昌品牌的洗衣門市，也導流給其他（如福耐特、尤薩等品牌）存在閒置產能的洗衣門市，一起加入 e 袋洗的洗衣網路[4]，共同尋求發展。

這種創新，是把旗下的設備業務和洗衣業務視為一個整體考量，而非為了維持自身成長的業務，而走向加盟之路，透過開放包容，為他牌洗衣店導流，提供消費者高效率且快速的服務，共同把市場做大。

高瞻遠矚：組織平台化轉型的過程曠日廢時，因此在營運和具體措施上必須要有長遠眼光，甚至要犧牲或放棄眼前的利益。對欲平台化轉型的組織和領導者而言，眼光甚至要放到未來的 5 至 10 年。

我們觀察許多創新商業模式的平台組織，都會發現這些創辦人或領導者在企業組織規畫上具有超前意識，比競爭對手更為敏感、更有耐心、看得更遠、更具有新思維。

例如當年淘寶為人所津津樂道的免費創舉，在大多數電商還是中小型甚至個人賣家時，淘寶大膽改變遊戲規則，拉下當年已經擁有超過 80％[5] 市場占有率的 eBay，只花兩年左右時間就在市場占有率超越 eBay[6]。若非預見

未來中國電商業務的廣大商機，淘寶敢大膽提出賣家免費，不賺取佣金，而在後期透過廣告、服務、競價等方式賺進大筆鈔票。

還有京東，在初期就投入大筆資金建立物流網路，甚至忍受虧損狀況，仍然力排眾議堅決進行投資。如今，物流已經成為京東的核心優勢。

在自營業務之外，京東也看到服裝、工藝品、家居用品等產品應該一起放在開放平台上，由其他廠商賣家來經營更為合適，所以沒有固守京東的自營生意，而是及早將京東物流的優勢開放給平台上的參與者[7]。

換位思考：要能夠預見未來，判斷客戶、競爭對手、上下游所有相關夥伴的未來變化，所以要培養同理心，也就是能夠換位思考，理解別人。

Uber 創辦人崔維斯・卡蘭尼克之所以會萌發創業的念頭，是因為某次冬天去巴黎出差經歷，讓他體會到在某些城市叫車極不方便。卡蘭尼克從一個旅行者的角度來看問題，最終在美國這個汽車普及率極高、自駕普遍的市場，打開叫車服務的一片天。

在中國，很多平台創業者的挑戰，就在於如何換位思考理解全國市場，而不是僅以在北京、上海、廣州、深圳等大城市的經驗，做為推斷的依據，來臆測全國的市場狀況。因為平台的商業模式必須依靠多方參與者和合作者的加入，數量上達到一定的規模效應，會更有利於發揮作用，所以不僅要在大城市布局，也要深耕三、四線城市，甚至農村市場，這些都必須要靠換位思考才能了解實際情況。

在中國的汽車市場，一站式的汽車保養服務平台「養車無憂網」，便把眼光投向汽車保養服務和產品銷售。無憂網創辦人陳文凱，曾從事汽車零配件的生產與物流業務，相當熟悉汽車零配件與車輛保養產品的採購[8]。

　　雖然業務對象都是面對公司和機構，並不直接面對個人車主，但是陳文凱站在賣方角度換位思考，感同身受的了解買方在保養、零配件購買方面的痛點，知道車主最擔心的汽車品牌 4S 店定價高、汽車修配店產品真假難辨等問題。所以，養車無憂網跳開這些汽車品牌店，成為直接讓車主和汽車保養店鋪對接的平台。

　　在線上教育市場，當大多數平台專注在用龐大的題庫抓住學生用戶時，「Homeworky」則把目標群轉向老師。教育平台的創始團隊雖然不是老師，卻能夠換位思考，理解老師教學的痛點，開發老師和機構使用的管理工具，自動生成互動問卷、管理學生、追蹤學生的學習情況[9]。在台灣 Homeworky 還與補教機構、出版社等合作，老師所設計的習題，還可能被這些機構選中出版，從而獲得額外收入。

　　由此可見，透過換位思考理解別人，不僅有助於平台化轉型過程中對於價值鏈的了解，更有助於商業模式的創新[10]。

　　堅持信念：平台化轉型的過程十分艱辛，期間常遭受到主管、員工、朋友、家人，甚至媒體、投資人與股東的否定與懷疑。因此，更需要堅持初心，讓信念變成保有熱情的一顆動力馬達，去享受轉型的過程。

　　像是第二章文中提到的「豬八戒網」創辦人朱明躍，2005 年為了創業辭去報社記者的工作，把所有積蓄全部投入網站營運中，當時朱明躍的同事、朋友、老闆都投反對票，只有妻子支持他。

　　豬八戒網定位在服務外包的資訊發布平台，最初的商業模式也是採取抽取佣金，即有服務需求的相關方，必須先支付資金給豬八戒網，才能發布需求，所以，用戶對網站的信任尤其重要。營運初期，網站沒有用戶基

礎，遑論信任，所以，朱明躍和同事們只能在親朋好友之間推廣，甚至還會自掏腰包支付費用，以此吸引消費者來網站尋求服務。

相較於這些日常營運的挑戰，更難的是對商業模式的堅持。如果說淘寶的主要業務是實物交易，那豬八戒網是在經營無形服務的交易，到底無形服務能否透過網路進行撮合交易？這一直是業者和投資人關注爭論的焦點。2010 年，提供類似豬八戒網服務交易的網站有 100 多家，但最終仍能堅持主業的並不多，有些在過程中轉而追求獲利更高的專案；有些在獲得流量和資金後，急速的擴張規模，過早的消耗了現金流。

朱明躍始終堅信，服務產業的電商能夠成功、獲得社會的認可，而且是需要慢慢培育的一種商業模式，要等待市場成熟與建立信任。在這樣的信念支撐下，2007 年到 2010 年，豬八戒網不斷改善平台的服務，監控和提升服務品質。直到 2011 年，在創辦 6 年後，豬八戒網獲得 A 輪投資 (註1)，逐漸站穩腳步，市場對於豬八戒網和朱明躍的懷疑才逐漸減少[11]。

鍥而不捨：規畫路徑，逐步落實

「預見未來」只是幫助企業家勾勒出一個美麗遠景，要走向最終的目標，還需要企業家鍥而不捨、持之以恆的規畫路徑，最終逐步落實，並在實現目標的道路上堅定的走下去。

過程中需要有執行能力才能讓平台得以實現，而不是空中樓閣。就像

（註1）A 輪投資：指公司產品已臻成熟，在產業內擁有地位和口碑，但大多數情況下仍處於虧損，或非常需要投資資金的狀態，首次向外募資。

爬山攻頂，只有一步步踏實的走下去，最終才能登頂，過程中也需要相當的持久力，在平台遇到困難時仍然能夠堅持，規畫好未來的財務回報而不會有所動搖，而去尋找其他機會。

當然，轉型創業過程也少不了對細節的關注。創新很難，如果人人都能做到，人人都能複製，那創新和平台化轉型也會失去魅力。只有專心、關注細節，把所有的想像扎實落地，才能完成平台化轉型。

在落實的過程中，要具備市場洞察力、策略規畫力、引爆市場力、資源配置力與財務規畫力。

市場洞察力：在市場中要能體悟消費者的需求，找尋趨勢與發現早期機會的能力。在過去，洞察市場往往是企業高層或決策、市場行銷部門的職責，如今當各個部門的協同機會變得更多時，對市場的了解就要深入到組織內的每一個員工。每個員工都要把自己當企業主，參與組織的決策和營運，組織就會變得更為靈活，每個個體都能去追尋用戶的需求，更有效的把握市場機會。

策略規畫力：就是找到轉型發展的途徑，能夠階段性實現目標的能力。轉型無法一蹴可幾，需要分階段的推進，以實現目標。每一個階段與下一個階段的商業模式緊密相關，卻又不盡相同，找到這些階段性的節點進行規畫，能讓這些節點成為里程碑，進而幫助轉型組織一步步邁向目標。反思許多企業的發展，會發現其初期的商業模式和結構，均與現今的事業大不相同，因此，這一過程考驗著創始團隊的決策規畫能力。

以「易到用車」平台為例，其發展有好幾個步驟：從最初和租車公司合作提供叫車服務，為交易雙方提供連接，撮合完成交易，到納入個人車

主做為平台參與者，不僅豐富叫車的供給者，提升產業格局，更進一步與汽車廠商、娛樂平台等合作，為乘客提供全方位的叫車代駕體驗。一路走來，易到在「共享經濟」的道路上越走越寬廣。對乘客而言，也從「不用自己開車」升級到「便宜的享受不用自己開車」，再到「不用自己開車，且得到價格優惠，享受新車、享受娛樂服務等全方位體驗」。

還有送餐網站「餓了麼」，也是逐步規畫發展過程，從垂直領域自己送外賣開始，到開放平台，把送餐業務外包給外部的餐廳和送餐機構，再到連接物流公司，如順豐快遞、京東到家等本地生活配送服務[12]，又是一個從自有的垂直送餐公司，逐步朝物流平台發展的最佳實例。

在互聯網金融領域，逐步規畫發展路徑也是平台化轉型過程必備的。互聯網金融除了連接借貸雙方的平台，也出現催債平台，「資產 360」公司就是一家催債平台。

由於催債業務具有地方特色，一般只有當地的催債公司才比較了解情況，更有能力追回壞帳欠款。所以，資產 360 在發展初期，將自己定位為資訊交流平台[13]，推薦地方性的催債公司給全國性的互聯網金融公司。目前資產 360 已開始實施第二階段計畫，根據資訊交流累積的大數據建立模型，為催債的供需雙方進行媒合，根據品質、歷史業務規模、催討情況、地域等特質，為金融機構尋找最適合的催債公司。此一目標實現後，資產 360 就可根據歷史資料為不良資產做定價，進而將業務拓展到金融產品的設計估值中，提升金融產品價格的準確性，也發揮平台功效。

從以上的案例中，我們可以借鏡一個平台如何規畫自己的成長。每一個階段要為後續做鋪墊，環環相扣，才能穩健成長[14]。

引爆市場力：在洞察市場的基礎上了解消費動向，推出相應的產品和服務，才有引爆市場的能力。特別是在產業的平台概念尚未成形時，嘗試開發產品，快速掌握產品創新的可能，從中尋找突破價值鏈的機會，迅速跨越引爆點，找到平台生存之道。

例如 Uber 在打開中國市場時，用了許多有趣點子來引爆市場。不同於易到強調的叫車體驗，Uber 向來推崇不僅提供叫車服務，更為客戶提供即時服務，強調「即時送達」的概念。

在美國本土，Uber 便提供送冰淇淋服務（強調快速、不融化）。到了中國，Uber 則與冰淇淋店合作，「一鍵下單」叫車的同時，還有美味的冰淇淋可享用[15]。此外，Uber 還與明星合作，如請到當紅的中國演員佟大為擔任 Uber 司機[16]，為乘客帶來驚喜，這段過程還製成影片上傳到社群網站，引起廣泛討論。另外也請來公司高階主管擔任司機，乘客在搭車同時還能上一堂管理課[17]。在宣傳中，也強調乘坐 Uber 會遇到各種有趣的人，因此，對於很多初次使用 Uber 的乘客而言，帶點探索意味的好奇嘗試，便成為使用的驅動力之一。

又比如榮昌 e 袋洗的「人民幣 99 元洗一袋」的活動，只要消費者能把衣物塞入 e 袋洗提供的一個洗衣袋中，無論衣物的數量有多少，都只需要支付人民幣 99 元。活動中，最「厲害」的消費者，曾經花費人民幣 99 元洗了定價人民幣 1,200 元的 124 條圍巾[18]。這個「人民幣 99 元洗一袋」的創意既有趣又實際，而攫取消費者目光的關鍵，不僅因為人民幣 99 元的便宜定價，更因為和一般洗衣店的標價方式不同，就如同玩遊戲一般，大家都想試試，到底能夠在這個袋子裡塞進多少衣服。

　　另外，這個創意也很實際，適合 O2O 洗衣模式，負責收衣服的店鋪不必為一件衣服上門收取、不用清點到底有多少件襯衫或是褲子，大大降低了收衣的工作量，讓 O2O 變得更簡單、便利。

　　資源配置力： 是指對人、財、物等多種資源的配置能力。平台的發展有賴於「跨界」、「全面性」這些關鍵能力，牽涉到內部跨部門的聯合，也影響外部的上下游合作者，如供應商、外包商等的共同參與，所以擁有資源配置能力的組織，能夠找到最潛在的人、財、物等資源，進行跨界、跨地域、跨組織的配置，開發出一套「機制」，讓這些資源能夠自發而和諧的整合，以發揮資源的潛力。

　　再拿 Uber 為例，在美國的發展過程中，不斷調整內部和外部資源，跨界實現各種即時服務[19]。像在紐約有自行車送快遞服務的 UberRush，在華盛頓有雜貨配送服務的 UberEssentials，在舊金山有送餐服務的 UberEats……。當整合資源的能力提升時，Uber 似乎成為一個加乘的符號，與其他很多領域如快遞、雜貨、餐飲等，都可以產生加乘作用，結合為各種即時的快遞服務。

　　Uber 的野心還不只於此。2015 年，根據 Uber 的宣傳，它還幫助線下的實體品牌和店鋪拓展線上市場[20]，與電商 Bigcommerce、Shopify 等軟體公司合作，只要消費者在線上下單，Uber 就可以負責運送商品。

　　這樣的商業模式提供一個新視角，Uber 從城市運輸的角度出發，反向整合電商市場，成為消費者購物的入口。立基於 Uber 在運輸、即時運送上所累積的經驗，以及了解城市運送網路、交通狀況，並且配備有自己的車輛和司機，這些經驗和基礎，讓 Uber 得以調動資源，跨界到快遞領域，甚

至拓展到電商領域，讓人、車、物品流動起來。

財務規畫力：財務規畫是保證平台能夠持續發展的重要基礎，而良好的財務規畫力，能幫助平台在最初的淘汰賽中存活，在激烈競爭中脫穎而出，而在形成規模的平穩期獲得相當的現金回饋，實現長遠發展的目標。

對平台來說，找到適合的獲利模式，也是支援平台發展的關鍵步驟，透過找到補貼方和被補貼方，能夠促進平台兩邊的均衡發展，也讓平台能夠穩住現金流，而長期發展。

我們再看豬八戒網的做法，做為撮合服務交易的電商網站，其獲利模式的設計會關係到平台的成敗。豬八戒網的理念是，平台必須保證提供服務的一方能拿到錢，還為買家提供交易擔保系統，擔保交付物並無抄襲、虛假、作弊等情況。所以，豬八戒網平台必須收取佣金和保證金，為服務交易保駕護航，以至於當競爭對手，例如任務中國網，模仿淘寶網取消收取 20% 交易佣金時，豬八戒網還是堅持收取佣金[21]。畢竟，只有獲得財務回報後，網站才能存活下來，繼而為平台雙方繼續提供保障。

第 2 節

帶領全員平台化轉型

　　當企業進行平台化轉型時，意味著企業在自我定位與組織能力等方面將大幅度轉變，同時員工的工作內容、思維方式，以及企業文化與價值觀都將發生重大轉化。一旦決定平台化轉型，必然引起不同類型員工的不同反應：

　　既得利益者：在現有商業模式下運作自如或獲利豐厚者，對商業模式的轉換會有較大的疑問與抗拒，因為對現有模式的習慣與掌握，他們質疑企業為何要放棄現有優勢進入一個未知領域，這有如對他們發起革命。

　　躍躍欲試者：在現有模式下無法完全發揮，或本身喜歡嘗試新事物、察覺到外界變化，早有改革之心。因此，當獲知企業轉型時，通常會大力支持，以大展身手。

　　隔岸觀望者：在現有模式下安逸的工作，對轉型存有疑惑但不大力排斥，在自己的位置上觀察變化與思考應對之道，容易被不同的人感染或催化下，變得真正支持或私下抗拒轉型。

一心追隨者：並不明白轉型的真正意義與需要帶來的改變，只是跟隨領導者的腳步，或在領導者的指示下做著相應的事情，有時會有思考與行動分離的情況出現。

不知不覺者：對轉型沒有太大感受，通常是基層員工或部分資深員工，覺得事不關己，等待上層進一步指示再反應。

公司領導者在思考平台化轉型時，應該優先考慮現有管理團隊的中高階管理人員，分屬於哪一類型的員工。既得利益者在現有模式下已為公司創造許多功績，勢必要對這群員工詳加闡述公司轉型的重要性，以及他們將來可能擔負的角色與轉型過程中的影響。企業平台化轉型，尤其在現有組織內部的轉型過程中，既得利益者在資源與執行上的支持極為關鍵。透過價值觀的傳遞與思考認知的教導，既得利益者可以認清自己在轉型中的位置與得失，決定自己職業生涯規畫，進而減少心中的疑慮與行為的抗拒。

對於躍躍欲試者，領導者應加以發掘，並考核其能力是否可做為平台化轉型的主要分子。如果具備能力及潛力，可以直接拔擢委以重任；但如果領頭轉型的核心成員能力與經歷尚嫌不足，必須引進外來有能力、有經驗的管理者領軍時，這些動機強而能力不足的成員，可以放在新來的領軍者身邊學習，公司同時也可以積極培訓教育，繼續考察其承擔轉型責任的能力。領導者必須留意動機過強而能力不匹配的員工，在直接承接平台化轉型時可能引起方向錯誤的風險。

至於其他 3 類員工，領導者應該積極為其釐清公司重塑的組織身分認同與價值觀：公司已經不再是傳統垂直價值鏈中，努力攫取其中一環價值利益，與上游供應商及下游客戶拚搏的企業，而是在生態圈中，創造多方互

利共贏的核心平台。

領導者應該清楚告知員工們公司平台的願景，輔以內外部熟知平台價值觀的專家重建、教育這些員工的思考模式與認知，讓隔岸觀望者迅速調整心態成為助力，從而適時選出有能力者進入轉型核心團隊。對於一心追隨者，領導者必須留意其思考可能較行動遲滯，而在執行過程中，糾正因為誤解所產生的行為偏差。對於不知不覺者，組織應透過調整工作內容、員工訓練、以及傳遞領導者的價值，使其充分理解轉型的意義與方法。

以下是一個真實案例，換你站在董事長的位子來思考，應該選拔哪一位副總擔任新的平台事業總經理。

平台實例

CY 企業
平台人才的選拔

CY 企業是一家位於中國北方經營 B2B 產品的製造商。公司最近要從垂直價值鏈的業務模式轉型為平台模式，現有組織部門均保留並持續運作，但董事長以個人投資成立一個公司發展平台業務，新平台業務與原有業務有協同性，但組織運作彼此獨立且在不同地點辦公，董事長希望從現有組織部門中甄選一位平台事業的總經理。

當時董事長眼中有 3 個人選，目前皆為集團副總裁。

人選 A 是既有企業的銷售總經理，業務出身的 A，銷售能力強且務實，關注利潤與銷售目標，能夠與銷售人員打成一片，具親和力，但是對互聯網的好奇心不大，對平台模式頗為懷疑，認為現有業務要和互聯

網模式相結合困難重重。

人選 B 是行政總經理，從基層做起的他，在公司的職業軌道上曾經找不到適當位置，一度離開公司兩年，在別家公司擔任過副總經理再回鍋，有過跨界經歷，雖然不是最熟悉公司原有業務的人，但對新業務勇於嘗試，並且相信平台模式能夠為公司帶來正向變革，對平台新業務躍躍欲試，充滿熱情。

人選 C 是生產總經理，有多項職務輪調的經驗，執行能力強、專業素質高，交辦事項皆能夠自成體系完成工作，要求什麼、完成什麼。

如果你是總裁，會選哪一個人選？

這 3 個人選都被放到新的平台部門中擔任領導者，最後，B 脫穎而出，成為平台總經理人選。人選 B 屬於躍躍欲試者，雖然業務經驗不足，但是學習能力強、跨界經驗多，成為他在新業務上的優勢。

人選 A 屬於既得利益者，原有的業務經驗對於 A 而言，反而成為一種負擔和包袱，A 感覺被派到平台業務上是一種降級，心理上難以接受，患得患失，因此在新業務中未能真正施展身手。

人選 C 屬於一心追隨者，表現專業經理人心態，老闆要我做，我就全力以赴，雖然專業素質高，但創意和幹勁略顯不足，自己並不一定認同公司要做平台。

身為一個領導者，必須釐清員工屬於何種類型，並給予適當的教育與溝通，將更有助於平台人才的布局。而重塑公司文化價值觀、確立組織認

同，以及轉化思維模式這 3 大平台化轉型重點（見圖 4-2），必須持續推動，才能
將凝聚士氣與共識，進一步拓展平台。

圖 4-2　3 種平台化轉型重點

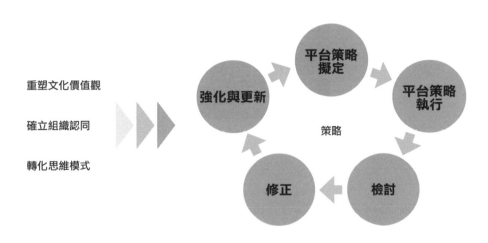

重塑公司文化價值觀

文化價值觀決定組織全員是否能齊心一致地完成轉型任務，對以下這
些價值觀的真正理解與認定，是成功的關鍵。

長期取向：不求近利，更有遠利

這是一種「不著重眼前的短期利益，認為未來更長遠的目標才重要」的
價值觀。平台生態圈的布局絕非一朝一夕可成，從連結各邊、為各邊創造

價值，到完整生態圈的規則，無法一蹴可幾。在轉型初期，必然會有成員發出「為何還未獲利、燒錢燒到何時」的質疑，因此動搖團隊信心。企業領導人可以利用以下方式，建立組織成員的長期取向：

創造平台的願景：讓團隊與員工清楚了解平台未來的藍圖，進而建立平台化轉型的信心。

建立平台的長期目標：把長期目標數字化、具體化，針對不同員工加以規畫，讓他們知道組織與自己未來將達成的具體成果為何。

釐清短期利益與長期成功的區別：在平台初創期，有時突然湧入的用戶會讓成員以為已經成功，但實際上，這種突發的短期現象可能是暫時的、虛幻的。領導者應時時提醒成員，站在長遠的角度發掘組織真正的用戶，對平台而言，持續、活躍的用戶且形成規模的生態圈才是關鍵，有了可觀、穩定的用戶基礎，才能在一定程度上預估到平台未來的成功。

階段性考評方式：長期取向的價值觀若沒有考評系統的相應支援，將無法持久。由於企業進行平台化轉型，在短時間內不容易有實際的獲利回饋，或者尋找引爆點的模式也需要不斷嘗試，所以，組織的考評應採取階段性的方式，針對成員的每一時期的工作方案與態度是否符合轉型所需，來做為考評標準，而不以成員短期內獲得的成果做為唯一考評依據。

利他取向：「讓利」而非「爭利」

這是一種「天下之利不必盡歸於我，將他人之利置於優先」的價值觀。平台企業的領導者必須了解，平台是整體生態圈的較量，而非組織之間的競爭。

　　一個成功的平台，必定會形成由眾多參與者不斷延伸互聯的生態圈，唯有參與者獲利，平台才可能持續生存。所以，平台搭建者要有「讓利」觀念，拋棄傳統垂直價值鏈中，以談判力量為手段的爭利思想，轉為幫助平台參與者獲利，最終實現共贏。在組織中，領導者應該不斷以教育培訓、實例訪查等方式，培養成員的利他價值觀。其中，組織應讓成員了解到兩個核心觀念：

　　相依互利：平台生態圈的各個成員彼此相互依存、共生共榮，沒有一方可以單獨存在。就像淘寶若沒有淘品牌賣家或買家，便只是一個空殼。任何一方的難處，最終都會變成平台的難處，所以平台搭建者必須為參與者掃除障礙，並且創造各種價值機會，抱持著「先天下之憂而憂，後天下之樂而樂」的利他心態。

　　價值創造：在平台生態圈中，平台的存在不是為了掠奪或攫取利益，而是創造更多價值給參與者分享。價值大小並非固定不變，而是不斷創造出來。例如 e 袋洗平台，便有效利用洗衣店的閒置生產力，在不影響原有洗衣店生存價值的情況下，更加活化洗衣服務的剩餘價值，為更多用戶帶來便利。

建立平台組織認同感

　　所謂的認同（identity），是一種組織成員集體自覺的「我們是誰？」「我們以何種身分存在？」以及「我們所為何事？」的一種信念。每個人心裡都

覺得自己是獨特的、有別於他人的個體，並從成長的過程中，慢慢體驗到與他人不同的獨特性，從而產生自我價值感與存在感。個人認同與個人的價值觀是相互影響、緊密連結的，引導著個人的思考與行動。

同樣的，組織做為一個集體存在，也有獨特的認同，而這個認同是組織成員共享且堅信的。每個組織之間的差異就有如個人之間的差異一樣，互不相同；即便是同一個創辦人創造出來的不同組織，在組織的特性（如價值觀、規範、習慣等）上也可能存在著極大差異。

雖然每個平台組織最終都會形成自己獨特的認同，但有一個核心的認同卻是不可或缺且互通的，「我們是一個價值創造者，因為生態圈成員的共榮而存在，我們追求的是生態圈的永續發展。」也就是「平台的自我定義就在於創造價值，平台的自我是大我觀，而非小我觀」。

打一個有趣的比喻是，平台不在於做紅極一時的大牌藝人，而是要做培養大牌，吸引現在與未來千萬粉絲與觀眾的經紀人。經紀人要能看到旗下藝人的潛力，加以培養並提高他們的身價；經紀人要了解粉絲與觀眾的需要，並加以相配或改造藝人。

旗下藝人一旦出事，經紀人往往也不能置身事外，因為彼此間是互依共存的。有些經紀人自身的條件可以媲美紅牌藝人，但他們絕不會選擇自己去當藝人，而是把藝人的合約或通告搶過來，因為他們知道，自己旗下有越多的大牌，能吸引的支持者越多，勢力越強大，最終才會是贏家。

這種平台認同會讓組織成員處於一種相對超然的立場，能夠清楚看到平台參與者的需求與價值，並能與平台所需的長期視角與利他價值觀相契合，共同協助組織平台化轉型，而不會在無意間落入舊有的價值鏈模式思維。

　　然而，確立員工的組織認同，會關係到員工的認知與情感兩種角度的變化，並非以口號、宣傳或強迫性的推銷就可以成功。組織可以嘗試透過以下的步驟來進行：

　　第 1 步：檢視原有的組織認同。理解原有組織中成形的組織認同與成員共識，如「我們現在是誰？」「特性是什麼？」「現在在做什麼？」梳理目前狀況，明確了解組織現在的狀態如何，以及大家的認知是否一致。

　　第 2 步：探索平台認同。大家對未來的平台組織有何想像？關於未來，「我們想要變成什麼樣子？」「我們成為平台後的特徵是什麼？」「應該做什麼，不應該做什麼？」這是對未來目標的構想，清楚組織未來想要成為什麼。

　　第 3 步：對照既有組織認同與平台認同的差異。透過對比，看到未來的平台與現有的組織在價值觀、信念、各種規則規範方面的差異，以及在情感上對於組織認同的差別。

　　第 4 步：覺察與覺醒。認清兩種認同的差異後，要在組織內部引發覺醒，讓組織成員意識到，不能固守原來的認同，組織即將面臨大變化，切不可掉以輕心，麻痺大意。

　　第 5 步：探查放下舊有認同的方法和反應。要在組織內部形成兩種共識，一是從理性的角度了解，如果不放下過去既有的組織認同，會有什麼危險；二是從感性角度做好準備，如何應對如不捨、對未知的害怕、自我懷疑及期待等情緒。

　　第 6 步：尋找支持平台認同的方法。可從理性和感性兩個角度來討論。理性角度上，接納平台認同帶來的願景與使命；感性角度上，真切的感受平

台認同所帶來的情緒反應。

　　第 7 步：從認知、想像到行動。前 6 個步驟都是計畫、分析和想像，此時要開始落實這些想像、計畫和分析，包括在企業使命、組織規章規範、組織儀式，以及在具體的工作任務中，滲透新的組織認同。

　　第 8 步：反饋、自省及強化。最後、也是最關鍵的一個步驟，要在日常工作方面中，不斷給予回饋，讓同事和主管了解新的組織認同進展情況，檢查平台認同的合理性，驗證方法的可行性，最後幫助平台認同成形，獲得新的組織認同。

轉化平台思維模式

　　要真正實現平台思維模式的轉化，必須建立在平台文化價值觀與平台組織認同兩個基礎。而這兩個基礎的思維模式本質是「空」，可以分為「無有、無為、無形」等 3 種層次（見圖4-3）：

圖 4-3　平台思考模式的 3 種層次

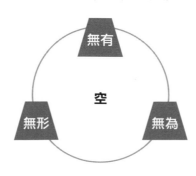

空：空即是道，把舞台讓給參與者。

此種思維類似於道家的「虛極而有」，即老子所說，就是致虛極，無以名狀，從而衍化出萬物之生生不息之道。在這虛空之中，對待萬物是客觀無私的，以萬物之美為美。

平台思維也是如此。領導者與成員應抱著「空即為道」的想法，不但要讓自己必須控制的事物越少越好，還要讓自己在生態圈中所占的位置越小越好。因為要控制的事物越少，則賦予參與者自由發揮的空間就越大，且生態圈中可容納的參與者就越多。如此一來，參與者自行衍生的系統，以及眾多參與者相互連結而成的生態圈，反而成為自然繁衍更強的力量。

無有：放棄擁有，讓平台能夠自轉。

在空的思維中，以不擁有為擁有。平台應該讓自有的、內部化的東西越少越好，實體資產越少越好，不須去擁有土地、人員、設備等實物，也不需要拘泥於一些如品牌、名號的無形資產，平台就是平台，當平台能夠持續為參與者創造價值，不論其名稱為何，都能夠自轉下去。

當平台放棄擁有，則意味著參與者可以擁有得越多。除非在平台成長過程中，出現沒有參與者可以達成的必要條件，才不得不由平台搭建者自行設置。例如 2003 年淘寶網成立時，因為仍缺乏社會信任機制，加上線上支付系統尚未完善，必須創建支付寶做為擔保支付系統，否則難以完成線上交易，電商平台也無法成長。到了 2015 年，支付寶錢包活躍用戶達近 3 億人時，擁有此一龐大優勢資產，企業了保有現有的優勢外，也希望能提供消費者更多的服務，例如從支付跨足生活、社交、銀行、理財、小貸等

領域，最後可能演化成一個自營的綜合性金融集團，其衍生的多元業務已與當初堅持的平台模式漸行漸遠。

無為：用別人的專業，無為而治。

　　無為的思維有兩個方面。一是無有的一體兩面，也就是能利用別人所擁有的專業，就讓別人來做，盡量不要自己做。例如海爾近來推出的淨水洗衣機及天樽空調，就是利用共享專利、共享利潤的機制，調動其他具有研發與技術能力的企業。又如陶氏化學，在不花費巨額研發成本之下，短時間內研發出許多新型科技產品。另一方面則是設計機制，無為而治。當平台機制已經設計完成，形成平衡的生態圈，則平台不應眷戀於權力或地位，而過於介入生態圈的運轉當中。

無形：沒有邊界，就無所不在。

　　也就是沒有邊界、沒有極限。平台的終極發展極具想像空間，只要掌握與資源方合作共贏的心態與機制，就可以無限生長，結合該資產的專業資源進入各種領域，滿足消費者全面需求。例如，阿里巴巴集團發展至今，已經讓人們難以用電商、金融機構、廣告公司、娛樂集團、汽車公司、物流公司……等任何單一的名詞來描述定義，因為阿里巴巴幾乎無所不在，涵蓋了太多的領域，沒有一個具體的邊界。

　　企業領導者與組織成員應充分理解這 3 種平台思考模式的內涵與重要性，才能在組織轉型的過程中，突破固有思考的限制，找出適合的策略與執行方法。在要求組織成員採取新的思維方式時，除了確定平台價值觀與

平台認定已奠定良好基礎外，具體操作面可以採用以下幾種強化方式：

標竿法：找出或塑造幾個在組織各階層中具有指標性的人物，指導平台思維實踐方法，讓員工依循仿效。

行動前導法：在工作或計畫中，讓員工直接執行依平台思考所設計的方案，從行動中認識平台的內涵與邏輯，讓員工從思考與行動落差所形成的失衡狀態中，逐漸修正自己的思考方式。

激勵法：在組織中，當員工能良好的表達出平台化思考模式時，給予適當激勵，以增強其思考的重複性。

辯證法：讓員工在設計計畫方案時，反覆辯證所提構想是否符合平台化思考的內涵，從肯定與否定中強化其思考慣性。

第 3 節

建立人才運用與培養機制

在平台化轉型時期，對於能夠領導搭建平台的人才需求孔急，所以對人才的運用和培養要有更為創新的做法。這種創新，不僅要成為一種可能，更要成為一種必要性。

體制內培育人才取代外求

「授人以魚，不如授人以漁。」創建人才機制，比招募人才更為重要。

在過去，企業的人才觀比較狹隘，企業和組織的領導人關注重點在於怎麼選對人，希望招聘到能夠立刻發揮戰力的適當人才，在人力資源管理過程中，也是關注每一個個體擁有何種經驗和能力，為了選對人，企業或組織往往選擇一些有產業經驗或是基礎的員工，人才的運用和培養就像是拼圖般，組織和企業根據缺口的形狀去市場裡找人才，再與企業配對。

　　但現在，企業的人才觀變得更為寬廣。由於能力和知識淘汰速度快，加上市場上難覓適當的人才，而且企業和組織的需求也不斷變化，當需求和供給同時發生迅速變化時，很難照葫蘆畫瓢，依照缺口去尋找適合人才。

　　打個比方，其實人才的運用和培養更應像是種養花草，企業和組織的領導者擁有的是土地（平台），只要好好耕耘土地（平台的人才機制），剩下的就是投下一顆種子，讓人才自由生長。也就是說，企業應該將精力放在怎麼形成機制，提供土壤，人才自己就會尋找適合的位置，並且成長。

　　關鍵就在於，找到與平台模式相配合的平台組織與人才機制，透過市場進行篩選、淘汰，因為我們不僅關注每一個員工，更要將「人力資源管理」與「組織架構設計」視為一套能夠自我發展的體系。

　　因此，人才機制的重要性不亞於平台策略的設計。這個機制像是一套自我調整的生態系統，一旦確立，企業或組織人才就能不虞匱乏。當有了人才發展的機制，企業或組織不再苦於招聘人才，也不再過於痛心流失關鍵人才。

　　因為有了機制，人才最終會在組織內部自己成長，企業或組織也更有信心培育新鮮人、年輕人、畢業生，敢於去招聘跨界的人才，讓其適應本產業並發揮功效，也敢於果斷的辭去在現有機制中不適任的人才。在這樣的機制下，才會讓人才布局更宏觀、更高遠、更長期。

　　比如我們對比過的互聯網服裝品牌韓都衣舍，在創立初期，人才儲備相當困難，總裁趙迎光自稱為「先天不足」。當時，他們發覺優秀的服裝產業人才集中在北京、上海、廣州、深圳等地，不願意到韓都衣舍所在的山東濟南來發展，當地也從未發展出知名的服裝公司。更具挑戰的是，包括

趙迎光等幾位創辦人在內，都毫無服裝業的相關經驗，也無法在專業技能方面指導手下的員工。

在這樣窘迫的背景下，反倒讓韓都衣舍突破傳統的人才觀，招聘一批毫無經驗的服裝院校應屆畢業生，透過專案小組負責制的機制，讓他們自由生長、自主負責、自我激勵。與其管理監督員工，不如信賴員工，放手讓其為採買和設計的產品負責。

在創業初期，韓都衣舍有一句員工口號就是「自由自在」。 韓都衣舍設立「小組制」，讓每 3 個人組成自主小團隊，來專注滿足不同類型的消費者。這一步棋，劍走偏鋒，反而讓韓都衣舍迅速發展，在一年多的時間內躍升為淘寶女裝流量的第一名，從一個名不見經傳的小品牌迅速成長。

當然，這一套自我發展的機制與體系，與平台化轉型的價值觀密不可分。機制的最終目的是培養人才，培養具有預見未來、綜觀全局、高瞻遠矚、能夠換位思考，並且堅持信念、有執行能力的人才，他們具有市場洞察力、策略規畫力、引爆市場力、資源配置力和財務規畫力。

我們認為，平台化轉型時期人才的運用與培養機制，建立在 3 個原則做法之上，分別是讓人才更為流動、讓人才更為自主、讓人才更為跨界。

打破職位層級關係，讓人才流動

在未來，每個人會成為單獨的行動個體方式來參與工作，打破公司的組織結構。當有訂單與回報時，個人就會參與其中，發揮作用並獲得收益；

當專案完成，再轉到其他有訂單與回報的地方重新工作。因此，工作的完成不再依賴於既定的公司範圍或組織結構，而是更關注個人的自主，按訂單聚合或解散。人們就像一塊塊的積木，隨時移動到需要的地方，而不需要固守在同一個組織內部。公司的任務是整合資源，連接供需，為員工提供一個發揮的平台。

這種觀點為我們提供一種組織人才運用的新思考方式，即「大公司平台上的小團隊」(見圖 4-4)，讓組織內部的人才流動，員工不再被固定在一個具體的職位或上下層級的關係，而是靈活的運用個人能力和專長，根據具體的需要組合人才，完成即時的目標。

這樣的做法比較類似實行專案制的公司，比如一些諮詢公司或外包公司的組織架構：每次啟動新專案時，公司會在員工中選擇組成一隊經驗能力合適的團隊為客戶工作，幾個月後專案完成，團隊就解散，下一個專案則會再重新搭配人員。所以，與其說員工是為公司工作，不如說是員工藉由公司平台來獲得專案，發展自己。

圖 4-4　大公司平台上的小團隊

公司的角色

・協調資源
・制定規則
・調派人才的積極性資源
・激勵人才

個人的角色

・發揮價值
・創建個人品牌
・結合其他資源
・發揮主動性

因此，公司的責任會更偏向於協調資源和制定規則。人才的競爭不再依賴收入、公司品牌，而是看這家公司或組織是否能夠說明如何讓人才發揮出最大效用。

哪裡讓金子發光，金子就會聚集到哪裡，攔也攔不住。所以，公司會著重發展調派資源、連接供需、配置資源的能力。公司的關鍵職責是配置各種資源，幫助人們快速到最合適的位置上，發揮作用。

個人的責任則會更偏向發揮價值和主動性。人們會充分挖掘自己的能力，主動與其他資源連結，選擇自己最適合的、最能彰顯價值的環境（見圖4-5）。個人會變得更自主靈活。當然，強調個人力量並非拋棄組織價值，而是在平台化轉型期，以驅動個人創造力來達到人才創新。人是流動的，資源也是，兩者搭配，才能夠抓住最新的風向，迅速適應外界變化。

圖 4-5　公司與個人的協同關係

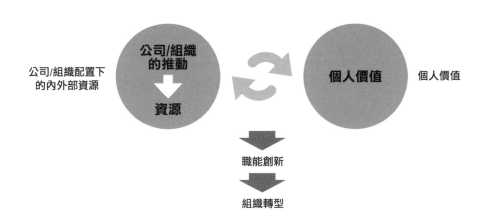

就好比「韓都衣舍」，透過「小組」來抓牢不同類型的消費者。小組旗下的設計、商品管理、文案等人員組合非常靈活，不用主管決定如何工作，也不固定在一個部門之內，而是由員工自由組成小組，獨立負責設計、定價、進行預算和核算。所以小組內的員工，不僅能從事自己喜歡的工作，設計擅長的服裝，與合得來的同事相處，也更能抓住潮流，服務不同類型的顧客，實現更新穎、多品牌產品，幫助韓都衣舍適應迅速變化的市場。

平台實例

韓都衣舍
各專案小組就是營運中心

處於服裝與互聯網這兩個變化快速的產業，「讓人才流動」正符合韓都衣舍的策略方向和營運風格。

韓都衣舍旗下的設計、商品管理、文案等人員，不由主管決定如何工作，也不固定在一個部門內，而是由員工自由組成小組，獨立負責設計、定價、預算和核算。一般是由設計師擔任小組長，另一文案人員負責產品介紹的撰寫和網頁產品宣傳，另有一名商品管理人員進行商品的生產協調、調撥、流通、庫存管理等。

在組織架構上，每 3 至 5 個左右的小組成立一個大組，由主管統一管理，每 3 至 5 個大組再成立一個產品部，由經理統籌管理。其中，每個小組的設計風格、生產計畫、宣傳計畫都自行決定，給予員工充分的自由度和自主權，並基於員工自願的原則，可以自由競爭、組合或解散[22]。

如果成員不滿意該小組的表現或利潤分配，可以脫隊、重組團隊，保持公司創新的動能。

公司如同一個大的平台，為設計師、採購和文案人員提供協助和配置，並負責統一的生產、物流、銷售等職能。就好比在韓都衣舍之下，有的小組擅長上班族風格，有的專攻淑女風格，有的擅長運動風格，各個小組都有其對應的消費族群。

這種靈活的小組制，還能更有效的幫助公司進行目標管理。韓都衣舍每年的銷售任務被層層拆解，從公司層面到產品部、大組、再到小組，目標被切得精細後，反而更確實可行，也更有助於追蹤管理。而且銷售業績差的小組顯而易見，如果設計出來的衣服不受市場歡迎，就迅速被淘汰，不會出現能力差的員工在大鍋飯中濫竽充數、混日子的情況。如此一來，公司和員工都能夠很清楚知道業績結果，個人能力也一目瞭然。

當然各個獨立的小組間也會有合作關係。像是有些小組之間在拍模特兒照片、撰寫文案宣傳、進行網路銷售時，就會進行商品組合搭配。這時，韓都衣舍也要負責協調與配置功能，幫助各個小組尋找市場，並不是放任各個小組自己尋找市場。

韓都衣舍的做法，讓旗下的設計師、商品管理人員、文案人員都能夠各得其所，不僅能夠從事自己喜歡的工作，設計擅長的服裝，與合得來的同事相處，而且這些小組抓住潮流而服務不同類型的顧客、產品更新快、品牌多，幫助韓都衣舍能適應迅速變化的互聯網市場。

根據 2015 年資料顯示，韓都衣舍設計團隊近 800 人，分成 270 個

產品小組、運營 28 個品牌，全年開發的服裝產品大約 3 萬款，銷售業績
獨占鰲頭。

把員工當夥伴，讓人才更為自主

　　讓人才在創新過程中有著更多的自主性，意味著公司和人才從以往的
雇傭關係轉化為更平等自由的合作關係，員工要為自己的業績和工作負
責。在傳統商業模式中，講究各司其職、上傳下達、聽命於上級，企業用
規章制度、上級命令、層級組織、薪酬制度來管理並激勵員工發揮作用、
完成任務。

　　但在互聯網時代，由於資訊溝通成本降低、資源配置速度加快，流動
性變強，以及強調個人價值，使得人們更希望被尊重、能夠實現意願，能
被採納主張，同時更願意擁抱變化，所以，平台化轉型的很多公司或組
織，都在用新的方法來管理並激勵員工，充分調整人員的自主性，將員工
視為合作夥伴，而不是下屬。

　　領英（Linkedin）創辦人雷德‧霍夫曼（Reid Hoffman）在《聯盟世代：
緊密相連世界的新工作模式》（*Alliance*）新書中，也提到類似的觀點，他認
為公司與員工之間形成「聯盟」並互惠互利，將是未來公司結構的發展趨
勢。公司和個人相互投資，共同進步，公司幫助個人變得更有技能、更具
價值、更有人脈圈。反之，當個人的諸多技能、價值和人脈圈提升以後，
也同時提升公司價值。員工不再得過且過的把自己當作是一個打工仔，而

是把和公司的關係視為一種合作夥伴關係。

這種互惠互利的關係，不僅在員工在職時起作用，在員工離職後也會繼續發揮作用。在一家公司工作過的員工形成了人脈圈，圈中的老同事們定時溝通資訊、激發思考、共同進步，成長為影響產業的重要人物。甚至，那些已經離職的員工也會為公司帶來新機會和訊息，成為對公司有用的外部資源。

例如麥肯錫、貝恩（Bain）、波士頓諮詢公司（Boston Consulting Group）、博斯（原 Booz，現 Strategy&）等知名顧問公司，都有離職員工的組織。在中國的互聯網產業也有類似組織，比如騰訊的「南極圈」、新浪的「曾經浪過」、百度的「百老匯」、金山的「三藩市」、盛大的「盛鬥士」、阿里的「前橙會」、人人網的「老友記」、搜狐的「搜狐同學會」等[23]。其中，有些是官方組織，比如博斯的「校友群」（多數顧問公司稱離職員工為畢業的校友），員工在離職時留下聯絡地址，日後就會定期收到公司的資訊、發布的產業報告等。非官方組織則如騰訊的南極圈，主要通過 QQ、微信等聯繫，也有透過線下的聚會交流，以增強聯絡。而 QQ 群還會根據地域、工作內容再進行區分，讓群組交流更能聚焦、更具意義。

大公司或組織經常為人詬病的，就是員工缺乏活力，因為階層組織架構下，每個員工距離公司的銷售目標、利潤目標等越來越遠，不僅普通員工不需要為最終的目標負責，就連中階、甚至高階員工，也不會真正為公司業績而煩惱。雖然公司有所謂的變動薪資和績效獎金，但是這部分工資獎金的數目有限，而且單純用金錢來激勵員工，並非真正把員工和公司綁在一起。

　　上述韓都衣舍採取專案小組制的做法，對員工來說，工作和業績的關係非常緊密，沒有中間層級來影響自己的能力發揮，也沒有藉口做不好、也怪不得別人。與其說，他們是韓都衣舍的員工，不如說是旗下子品牌的合夥人。

　　這樣的做法，在激發員工熱情的成效頗大。韓都衣舍總裁趙迎光，曾經調查過公司內專案小組的工作狀態，發現員工都是拚命三郎，都把專案子品牌當自己的品牌經營，對於工作的時間和態度表現都非常積極。

　　除此以外，「內部創業」也是激發員工平等觀念的一種可行做法，讓員工和組織之間的關係變得更為自主與平等。這個概念最早是班布里奇研究機構（Bainbridge Graduate Institute，BGI）公司的創辦人吉福・賓區特（Gifford Pinchot III）在 1978 年一篇文章中提出，內部創業是指「由一些有創業意向的企業員工發起，在企業的支持下承擔企業內部某些業務內容或工作專案，進行創業並與企業分享成果的創業模式。[24]」

　　包括杜邦、3M、通用電氣（GE）等公司都推行過內部創業的做法[25]。中國的聯想集團便設置「神奇工場」，這由聯想集團高級副總裁陳旭東所帶領的內部專案，開發以互聯網為核心的智慧型手機、硬體和家居產品的平台，可與聯想現有的業務形成直接競爭[26]；另外，聯想在 2015 年 9 月啟動的「小強創業」專案，就是立基於聯想旗下的天使投資基金「樂基金」，用來支持內部員工的創業專案，發揮創業育成的作用[27]。

　　中國電信也有類似做法，設置風險投資基金、舉辦「i 創」黑馬大賽等活動，篩選並投資員工的創意，在內部育成員工的專案，而不是讓員工離職去創業。中國電信內部還有一個專門的 7 人團隊，用來服務內部創新的

專案，協助培養人才。這個團隊曾經在員工就職培訓時，拋出尖銳的問題：「3年後，你還會繼續服務電信業嗎？」以此激發員工的思考和衝勁[28]。

中國最大的專業住宅開發商萬科集團，從發布「萬科集團內部創業管理辦法」開始，就為2,500多個核心員工設計股權激勵方案，同時還有專案跟投等做法，激發員工自己當家做主[29]。去哪兒網站則用創業公司的標準來設計各個事業部的激勵機制，讓事業部負責人能夠承擔更多責任，分享更多利益[30]。

以上都是從企業內部發展出新項目，規畫內部創業機制的各種方法。家電製造集團「美的」，早在2012年就提出「內部企業家」概念，提倡在評估中高層專業經理人時，要注重長遠目標，讓經理人即使在企業內部，也要像是自己的企業一樣，帶領公司或部門發展前進[31]。

2015年3月，美的公布推動新一輪的持股計畫和股權激勵方案，持股計畫對象為31名公司核心管理人員，股權激勵方案更涵蓋738人的公司業務幹部，增發新股給這些幹部，也進一步激勵經理人的創業心態和熱情[32]。

對很多組織或公司而言，人才管理的痛點之一，就是優秀的人不願被束縛在公司內部，特別是一些想要自己做老闆的員工，不滿足於終生做「下屬」，很可能離開公司自己去創業。即便組織已經建立體系化的員工激勵計畫，對於有創業理想的員工，再多的權力與金錢，甚至再好的發展機會可能都留不住他們，而內部創業便能夠化解這個難題，進一步把員工提升到平等的地位，讓他們能在組織內部創業。

「內部創業」，正如其字面意義，是在組織內部的創業行為，這種方法可以幫助組織或企業留住優秀員工，提升員工為合作夥伴，享有更多的平

等自主。讓員工在內部以專案、微型公司、分公司等形式進行新產品或市場方向的探索，母公司或組織為其提供一定的資金和資源支援，內部創業者亦和母公司分享收益。

　　廣州的芬尼克茲公司便發展內部創業篩選、培訓、激勵等機制，釐清公司與員工之間的權、責、利關係，不僅成功地幫助員工進行內部創業，也兼顧留住人才與提升公司創新能力的雙重目標。

平台實例

芬尼克茲
幫員工企業內部創業，與員工創造共贏

　　芬尼克茲是一家熱泵產品公司，2000 年在廣東廣州成立，擁有完整的熱泵產品產業鏈，也致力於提供綜合的節能解決方案。

　　公司初期為海外公司進行代工生產（OEM），產品出口到歐美市場，後逐漸拓展中國市場，成為技術領先的熱能公司。2014 年，芬尼克茲年營收約人民幣 5 億元。

　　創辦人宗毅開始實行內部創業的初衷，是因為熱能產業的人才培養不易，一旦流失對公司影響甚鉅，而內部創業的做法，可以留住有創業想法的員工，由公司提供資源，協助員工實現創業理想的同時，公司也能分享收益。

　　最早的內部創業專案是向產業鏈前端整合的方式，讓員工參與上游零配件公司的創設，由公司幾個高階主管參與投資成立一家新公司，生產的產品是熱泵所需要的「換熱器」（亦稱為熱交換器或熱交換設備），

以替代原來品質不佳的供應商。

由集團公司提供新公司啟動的資金、人才及採購，所謂「扶專案上馬」，帶著走一程。2006 年，新公司在當年度即收回了資金，快速的投資報酬率激起其他員工的信心。自 2006 年起，已先後成立圍繞芬尼克茲業務的 7 家新創公司，且均有良好成效。幾年的內部創業歷程，芬尼克茲也摸索出一套與員工雙贏的創業機制，將組織變成連接優秀員工與創業機會的平台。

芬尼克茲先從自身的發展需求，引進能與本業產生協同效應的新專案（如為了做品牌開設實體店）。然後，舉辦「創業大賽」，邀請員工組成跨職能的團隊（一般為 5 到 6 人），提供對於形成商業計畫所需策略行銷、財務規畫等培訓；最後開放主管級以上的員工投錢，來決定哪一支隊伍勝出。

由於是員工自行掏錢投標，因此在評估時會格外謹慎，避免「人情票」與「隨意票」，使得選拔過程更公正有效，最後由獲得最多融資的團隊勝出。同時，創業團隊也必須投入資金，以篩選出真正肯承諾且願意全心投入新事業的人。

在這種內部創業的模式中，芬尼克茲的角色在於提供資源（創業資金與團隊）、品牌優勢及育成期的避風港。由於像芬尼克茲這樣的製造型企業，新公司的投資額都會比較大，一般創業員工本身的財富不足以達成新公司的初始投資額，因此新公司的投資一般由三部分組成：創業子公司總經理及團隊的投資、芬尼克茲母公司集團管理層的投資和公司其他所有參與投票員工的投資。

在運作過程中，由集團公司擔任制定與執行創業規則的角色，例如
為了降低新創公司領導者只會創業、不會管理的風險，芬尼克茲制定了
基本法，其中一條即是新創公司的總經理採輪調制。為了避免內部創業
公司群雄割據，集團對新創公司持有至少 50％的股權，雖然掌握著大半
股分，但芬尼克茲並不會介入新公司營運和管理，只要求新團隊自立自
主，對自己負責。

芬尼克茲的創業平台模式，用機制平衡了員工個人發展與公司的發
展，在將員工、新創公司及原公司的利益緊密結合，同時，也實現了芬
尼克茲踏出固有核心業務，不斷創新的目的[33]。

理清權、責、利關係，共同成長

在內部創業過程中，員工與公司之間的關係，應被視為平等的個體，
一起成長、一起進步，也互相承擔著相應的責任。

「雷神」是海爾集團內部的一款遊戲筆記型電腦的品牌，海爾公司與雷
神創辦人簽訂「價值調整協議」（Valuation Adjustment Mechanism，VAM）
共同把專案做大。

所謂的價值調整機制，一般出現在股權收購、投資等期間，即投資人
與被投資人對未來的不確定的情況進行約定（大部分為經營成果），如果未
來履行約定，則投資人可以行使某項權利，如果未能實現約定，則可以行
使別的權利。舉例來說，當投資人決定注入資金給一家創業公司，即約定
未來某年公司將要達到的成長目標，如果到期目標仍未實現，創業公司的

部分股分就要交給投資人。

這種做法，也可應用在公司內部的人才管理上。像是公司與某些高階主管簽訂「價值調整協議」，設定階段性目標。如果達成目標，便可獲得更多的收益。價值調整機制讓雙方都獲得一定的彈性空間，以設定階段目標的方式，將創業團隊和集團母公司的利益綁在一起，讓創業團隊有話語權，同時讓母公司有選擇權，雙方在互願的基礎上進行合作。

在海爾的企業組織平台化的嘗試中，誕生很多「微型公司」。一方面，微型公司屬於海爾下屬企業；另一方面，微型公司是為了鼓勵員工創業，而實施的人力資源創新機制。海爾與微型公司的創辦人簽訂協議，如果公司發展得好，創辦人可以獲得更多的股分和自主權，如果發展得不好，海爾有權撤出投資。這樣的設置讓海爾有退路，也讓創業團隊有更緊迫的壓力。

平台實例

海爾「雷神」
提供資金資源，內部育成微型企業

2013 年，海爾啟動了「企業平台化、員工創客化、用戶個性化」的「三化」改革，最關鍵的步驟就是將海爾變身為一個平台型企業，平台上有很多「微型公司」，各自獨立營運、自負盈虧。海爾為這些公司提供資源，迫使人資單位從管控的心態轉變為服務、創造價值的心態。

同時，為更進一步鼓勵員工內部創業，海爾成立創客平台，協調提供包括創業的資金、供應鏈上下游的合作資源、引入外部的風險投資等各方面的資源，育成內部產生的創新企業。

雷神，就是在這樣的背景下成立。

2013 年 7 月前後，現任雷神科技創辦人、執行長的路凱林，當時只是負責海爾電腦銷售的主管，他與內部幾位工程師開始籌畫遊戲筆記型電腦的產品，經過分析遊戲筆記型電腦重度使用者的痛點，於當年底推出雷神的第一代產品[34]。

2014 年 4 月，雷神科技公司成立，當時屬於海爾內部的創客微型企業，在物流、供應鏈等方面使用海爾的資源，在財務、人事、法務等工作則外包給海爾平台，在財務方面獨立結算、自負盈虧。

雷神遊戲筆記型電腦剛推出時，產品大獲好評，在京東群眾募資平台上 21 分鐘內就賣出 3,000 台[35]。令人意外的是，當海爾集團舉辦專案投資說明會，邀請外部風險投資機構進行評估時，當時竟然沒有風險投資願意投資雷神，原因還是顧慮雷神仍是海爾旗下的硬體產品，認為沒有真正獨立並形成生態圈。於是，2014 年 11 月，雷神所有人員的人事項目正式轉到雷神科技公司，2015 年 1 月，所有實際業務都從海爾轉移到雷神公司，讓其充分獨立自主。

只是公司獨立發展後，股權的分配至關重要。雷神屬於海爾內部育成的微型公司，屬內部創業的一種。創辦人路凱林及團隊在創業期間仍是海爾員工，所以從法律上來看，雷神的智慧財產權屬於海爾。按照傳統的計算方法，創業團隊出資人民幣 40 萬元，約占 1% 的股分[36]。這樣的計算方法雖然部分符合產業做法，但是無法驅動內部創業者的熱情。

為了鼓勵雷神團隊，讓海爾集團主席張瑞敏提倡的內部創業機制能夠引起效尤，時任海爾創客平台營運主導夥人的王道民博士，考察了

風險投資業界的做法後，與雷神團隊進行類似於績效的價值調整協議，內容包括：約定雷神 2014 年若有超額利潤，可以折算成雷神團隊的個人持股（後來實際實現約 4％的股權）；其次是約定如果雷神可以成功引入天使輪投資（Pre-A）及和 A 輪融資，就可分兩次再分別得到 5％的股權，即兩次合計共增加持股 10％。

確定這樣的協議內容後，雷神團隊更積極參與新創企業，專心發展業務，吸引外部投資。海爾也放手雷神的經營發展，讓雷神更為獨立，結合社會資源來育成海爾新事業。

挖掘潛力員工，讓人才跨界

跨界是平台商業模式的特質之一，所以在企業向平台化轉型時期，應該鼓勵並培養跨界人才。許多我們熟悉的產業都在大舉徵才，金融業如保險、銀行機構急切地在尋找互聯網營運人才；零售業如服裝、食品等公司也在尋找更懂得資料分析的人才；更不用提新聞媒體、農業、餐飲業等都在和互聯網、大數據、物聯網、智慧設備等業與領域進行碰撞。

但尋找和培養跨界人才並非易事，很多企業抱怨重金尋來的互聯網人才經驗不足，與公司磨合不佳，人力成本卻比其他業的人才高出很多。所以，除了尋找現成的跨界人才，從現有的組織中挖掘出具有跨界創新思維的人才，也是平台化轉型時期人才管理的可行之路。

舉例來說，精品特賣網「唯品會」的幾位創辦人，雖然都沒有服裝或互

聯網電子商務領域的經驗，卻跨界創業創造了一家市值近人民幣百億元的公司；去哪兒網站的創始團隊，同樣也沒有旅遊業經驗。與其把眼光投向現有的跨界人才，不如在選才時，關注一些跨界的人格特質，幫助轉型組織發掘具有創意、新鮮、有活力面對跨界挑戰的人才。

在組織中，多少會有一些「跨界人」的存在。這些人充滿活力和鬥志，善於搜集資訊，對其他領域充滿好奇，常常有出其不意的一些想法。他們不僅能完成原本工作，也願意接受一些跨界的新挑戰。特別是新生代的員工，對新事物的領悟能力強，勇於挑戰權威，善於表達自己，在跨界產業中能夠順利發揮作用。這樣的跨界人，便能夠做為跨界人才的種子來培養。

運用跨界人是一種雙贏，不僅組織需要這樣創新人才；對於跨界人而言，也需要有一個釋放好奇心和職業熱情的環境和平台。跨界人往往不喜歡被束縛在同一個職位上，跨界、創新反而能夠激發出他們的潛力和工作熱情。

像是阿里巴巴集團創辦人馬雲的用人之道，就體現了跨界思維。馬雲創業初期的 18 位共同創業者，被稱為「18 羅漢」，他們大多數是馬雲的朋友或同學，沒有專業的電子商務或互聯網相關經驗，但從互聯網資訊（中國黃頁）做到電商（淘寶），再到金融（支付寶）等，一路走來，一路跨界。

在任用高階主管的策略上，馬雲也不拘一格。例如阿里巴巴旗下的阿里小微金融集團的執行長彭蕾，原是阿里巴巴的人力資源部副總經理，先是跨領域地擔任市場部、服務部的副總經理。沒有太多金融產業的背景的彭蕾，2010 年卻出任支付寶執行長，帶領金融團隊顛覆了整個金融產業的生態。

還有電動汽車特斯拉公司（Tesla）創辦人伊隆・馬斯克（Elon Musk）連續創立了 Zip2（互聯網黃頁、城市導遊等）、Paypal（金融支付）、太陽城（Solar City）、特斯拉電動汽車（Tesla）、太空探索公司（SpaceX）幾家成功發展的公司，橫跨互聯網、金融、可持續能源、太空等產業。

Zip2 被康柏電腦（Compaq Alta Vista）以 3 億 700 萬美元加價值 3,400 萬美元的股票期權（註2）收購。Paypal 被 eBay 公司以 15 億美元收購（馬斯克當時占有 11％股分），SpaceX 獲得美國太空總署（NASA）的訂單，特斯拉成為全球最熱門的電動汽車。馬斯克持續跨界，帶領公司員工進行創新探索，一路走來，成果豐碩。

身為一個領導人，馬斯克幫助公司的人才探索跨界領域，不斷進行創新。首先，馬斯克會親自參與員工的招募，2008 年時，SpaceX 已有 500 位員工，他參與了每一位個員工的面試，以確保找到的人才是和公司理念相符合的、具有潛力進行創新和跨界的。而且在招募過程中，相較於專業知識，馬斯克更注重員工與其他成員的合作精神，讓員工們在合作中碰撞出火花。

其次，馬斯克會做員工的堅強後盾，在 SpaceX 進行火箭開發時，馬斯克放手讓手下的員工嘗試，準備好足夠的資金，以承受多次發射火箭的失敗。而且馬斯克也會激勵員工們，進行跨界探索。熱愛工作的馬斯克，經

（註 2）期權（Option）：是一種選擇權，一種能在未來某一特定時間，以特定價格買入或賣出一定數量的某種特定商品的權利。它是在期貨的基礎上產生的一種金融工具，給予買方（或持有者）購買或出售標的資產（underlying asset）的權利。

常每週工作 100 小時，在進行火箭發射研發時，還告訴員工：他永遠不會放棄嘗試。員工也堅信，跟隨著馬斯克能夠獲得成功。

小結：

　　簡單來說，平台價值觀是一種合作共贏的態度，因此，企業家要有利他的胸襟和走長路的情懷，形成清晰的策略，最終落實到市場洞察力、策略規畫力、引爆市場力、資源配置力和財務規畫力上，讓價值觀不只是空虛的口號。

　　當員工和企業領導人在價值觀層面能夠達到共識時，那麼人力資源的轉型也成功了一半。最後，對職能和人才進行平台化創新，讓人才變得流動、更自主，甚至跨界，最終實現帶領全員轉型的目標。

第 **5** 章

平台化轉型的未來趨勢

　　成功不是一個目標，而是一種更長久的狀態。對企業或組織而言，這意味著要不斷突破自我、破繭重生、進行轉型。現今全球的商業環境瞬息萬變，要維持成功絕非易事，許多在 20 年前耳熟能詳的企業名字，或是已經走向沒落，或是被收購，幾乎被人遺忘。

　　企業轉型需要方法論。針對企業轉型困境，我們已經討論了策略規畫、組織調整、人才布局 3 大議題。在第 1、2 章的「策略規畫」中，探討如何利用平台思維來解構產業鏈，透過「去中間化」、「去中心化」、「去邊界化」，重新定位企業所能提供的價值。第 3 章「組織調整」裡，依據新平台與原有業務的協同，以及內外資源的整合，提供幾種不同的組織框架。而在第 4 章「人才布局」裡，探索平台時代所需的精神以及心態，如何貫穿企業各層級，如何蔓延到企業各角落。

　　透過有系統的方法，可以打造一個堅固的平台企業甚至平台生態圈，在如今「互聯網」、「物聯網」、「人工智能」、「O2O」、「傳統企業轉型」、「萬眾創新、大眾創業」的口號與旗幟下，找到一條腳踏實地、可以對照執行的企業自我革命、再創顛峰之路，進而實現永續成功。

　　相信現在你已經掌握平台化轉型的基本方法，躍躍欲試。因此在最後，我們提出三個裝有祝福與期待的錦囊，裡頭蘊含的是上述 3 個層次的未來預測——商業模式的未來、組織架構的未來及文化價值觀的未來。

　　或許在將來，你遇到不可預期的挑戰時，可以再次回顧這些概念，刺激一下思路，激發一些思考點。

商業模式的未來

　　未來，預測企業環境發展的難度會越來越高。這也造就了多邊平台模式相較於傳統線性模式的優勢。

　　平台連結兩個以上的群體，因此無論在補貼策略、定價策略、競爭方案上，都有更大的彈性去面對種種的不確定。企業收入不再單一而是多元，策略腹地寬廣而非局限。

面對更加不確定的未來

　　以往，管理與策略理論所默認的一個假設是：商業世界是可以被預測的。所以許多管理理論是基於大量的樣本與實驗，而推導出企業可以採用的方法。在此理論基礎下，商業過程可以被控制、執行，可以被嚴密的計畫，結果可以驗證策略的正確性。

　　然而，近代的管理學界新趨勢是：許多學者認為[1]，如今的世界難以預測，人才、資金、產品、資訊、科技等資源的「高度流動性」，從根本上顛覆很多商業模式的預先假設。這些流動性使得過程難以控制，使計畫執行發生偏差，使精心制定的策略降低正確性。所以，企業要學會在不確定中前行。而未來的商業模式，必然擁有高度適應力，以及高度彈性的本質。

　　一些公司的做法充分印證了上述趨勢。比如中國的熱門公司如小米、影音網站樂視、阿里巴巴，不管業務範圍是擴張、轉變商業模式、選擇合作項目常常有驚人之舉，其演化是在過程中根據手上的資源，不斷發現新的可能性與新機會。

　　比方說，小米一路發展，正是在不確定中前行。在迅速發展的過程中，小米對於自身產品的邊界，甚至涉足何種產業、何種市場，都維持一種模糊而刻意的不確定性。這也反映一種新興的觀念：我們很難用產品或產業來定義小米到底在做些什麼。然而，小米發展的核心，是抓住自己對應的消費者，以滿足這些消費者的需求為最高指導原則，來發展小米生態圈。

　　小米透過投資領域頻繁「出擊」，進一步延伸生態圈，拓展平台上的內容。像是透過公司內部的小米投資部和旗下的瓦力文化傳播公司、順為基金等，投資互聯網金融（積木盒子）、影視傳媒（愛奇藝、優酷土豆）、行動醫療（iHealth）、互聯網基礎設施（世紀互聯、金山雲）、汽車車聯網（凱立德）、電商（美的）、家居家裝（美的、愛空間、麗維家）等多個產業，在內容上持續豐富小米的生態圈[2]，形成「產品、系統、使用者、內容」四個方向的正面循環後，搭建以小米為核心的策略平台，充分發揮平台的跨邊網路效應，擴大繁榮小米生態圈。

「精實創業」的企業價值

在不確定的環境中前進，也意味著企業要緊跟變化做出回應，就如同互聯網產業「快速反覆試驗」的概念一般，企業要在平台化轉型的過程中，緊跟變化、不斷試錯，並對錯誤迅速糾正。

這樣緊跟變化的趨勢在「精實創業」（Lean Startup）的思維中也有所體現。精實創業倡導企業進行「驗證性學習」的價值[3]，亦即在這個充滿不確定性的商業世界裡，找到一種有效進行創業和管理的方法。

精實創業倡導企業持續不斷的進行試驗和學習。在產品生產方面，只有在初期的雛形產品能夠被市場認可，才繼續投入，並反覆試驗升級，優點在於可以用最小的成本，驗證產品是否符合使用者需求，實現「快速的失敗、廉價的失敗」，而不要「昂貴的失敗」。

這樣做，也能夠快速體現產品的核心價值，不在枝微末節耗費過多精力，這種擁有最核心價值的產品，被稱為「最小化可行產品」（minimum viable product，MVP），這樣的產品開發過程速度非常快，需要的資源少。當設計完成後，企業再根據收集到的消費者回饋進行修正，將「規畫＋假設」與「驗證＋總結」的週期縮短。

用平台思維應對不確定性

換言之，能順應未來的商業模式及組織，必須要能包容高度的變動

性。利用平台思維運作的企業，即是最好的代表。

如何連結並協助兩個對彼此需求尚未達到滿足點的群體？如何鼓勵員工在他們的崗位上時時創新，就像公司散布成千上萬個神經元在各個細分市場，以偵測用戶需要並進行創新來滿足所需？企業與過去許多消費者建立關係後，如何藉此吸引資源方群體也一起加入幫你服務消費者？收入分配機制應該如何設計，才能在不妨礙吸收使用者人流、維持資源方積極性的同時，也能賺到錢？而當更多同質性的競爭者出現時，我們如何防衛市場流失？這些都是平台商業模式能夠解決的問題。（有興趣的讀者可參見《平台革命》一書，商周出版。）

說到底，從過去到未來，在商業模式本質上的改變或許只有一件事：那就是「衡量成功的標準」。以往人們衡量一個企業的成就，會檢視每年營收有多少，握有多少廠房、土地等資產，甚至是公司有多少員工。如今這一切改變了。現在衡量的標準是，在未來，這個商業模式有多大的包容空間和延展的可能性。

所以，企業和企業家的胸懷與視野在此刻至關重要，他們要能看到產業未來的版圖與可能性，甚至不是賺取眼前的利益而已，而是考慮更多未來的空間。這就是為什麼臉書願意花 220 億美元購併 WhatsApp，因為這家半年虧損 2.3 億美元的公司[4]，在全球握有 8 億的「每月活躍使用者」。這裡的關鍵詞，不僅僅是使用者總規模，而是使用者的「活躍度」。

只有當企業所提供的產品與服務，能夠刺激足夠的人群進行互動體驗，才能產生良好的商業價值。這也解釋了，為何中國最大的動漫玩具企業奧飛動漫文化公司，願意花人民幣 9 億元收購尚未獲利的「有妖氣原創

漫畫夢工廠」，因為該平台擁有近 2 萬名漫畫家，每月生產 6 萬頁的創意內容，創造 800 萬的月點擊量。這是內容創造者與閱讀者的互動典範[5]。

無論食衣住行育樂，都脫離不了人。所謂的商業活動，便是透過人與人之間的關係來締造價值，矛盾的是，人也是帶動不確定性的最大因素。因此，未來能成功的商業模式，必定可以同時引爆人與人的互動關係，又能適應當中所存在的種種不確定因素。

除此之外，在商業理念方面，企業將出現 M 型化趨勢。一邊是朝著小而美的方向，做專注的事業，獨立而專注；另一個方向則是不單單自己做事業，還要帶領一群公司形成龐大而互動的生態圈。

在未來，我們可能看到更多擁有生態圈的公司，公司不是以「個」來論，而是以「群」或「系」來論，一「群」公司將成為一種生態。所以，企業家除了關心自身發展，還要多和其他公司聯盟，投資、建設業務上的生態圈，未來環境所鼓勵的不再是獨善其身，而是共創共贏。畢竟商業社會的競爭會越來越激烈，若缺少互助合作，即使是一家大規模的企業，也可能在短時間內被周圍形成的生態圈所吞沒。

最明顯的例子，莫過於近 5 年來，中國互聯網產業形成的幾大巨頭公司，如阿里巴巴、騰訊、百度，它們都從互聯網出發，逐漸滲透到別的領域。觀察這 3 家公司發展生態圈的過程會發現，他們起步時是自己做事業，但發展到一定規模後，不再攬下自己做，而是用收購、入股、合作等方式，與其他公司合作聯盟，逐漸形成生態圈。這也是促進人際互動，並適應未來不確定性的終極方針。

組織架構的未來

未來，個人的力量會被放大。

經濟起飛、東西文化交流，使得個人主義、自我實現的思潮越發風行，社會越來越尊重個人價值，關注個人的感受和內心。在科技方面，各種硬體設備、軟體應用與新興技術，實現了自動化和智慧化，讓個人突破空間、時間、速度的限制，人們掙脫了很多束縛，個體的力量進一步發光發熱。

個人價值正快速提升

商業模式中也可見「放大個人力量」的潮流。早在雲端運算、微博、微信、自媒體開始，已經可見「個人力量」的參與，現在發展到比如網路借貸平台（P2P）、群眾募資、叫車平台的兼職司機，及個人自由職業威客等產

業，都是在以往沒有個人參與的產業中引進個人能力，因而產生巨大改變。

在未來，放大個人的力量可能會對商業社會產生 3 種影響：首先，針對個人需求的客製化服務或產業，比如基因測序的定製化醫療、媒體節目的個性化製作等；其次，在產業中動員個人力量，人人參與，比如以眾包、群眾募資為起點的共有、分享經濟；第 3，企業或組織生產營運中的個人參與，圍繞個人形成的資源匯集，凸顯個人品牌的小群體服務等，比如開放資源平台、外包職能、個人工作室等。

用平台思維來調動個人力量

然而，人是最多變的，所以如何調派、管理、協調人的力量，成為未來重要議題，平台商業模式成為一個很好的工具。

例如提供住宿的共享平台 Airbnb，完全體現了「個人力量」。人們在平台上按「天」出租空餘的房屋，遊客到另一個城市的時候，不住酒店、旅館，而住在另一個人的家中。Airbnb 的有趣之處在於，它提供了一種複雜的非標準化產品，形成類似於量身訂製的住宿體驗，每一家民宿都是獨一無二的，遊客必定能找到適合的、個人化的住宿解決方案。這種複雜的非標準化產品，也是大公司生產線所無法提供的。

平台模式的概念，也逐漸滲透到企業的人才觀念中，用來調動個人，企業變成一個人才發展交流的平台。

所以企業會幫助員工好好的發展，並且把雇傭關係看作是一種階段性

的合作關係。

領英的（Linkedin）創辦人雷德・霍夫曼（Reid Hoffman）在《聯盟世代：緊密相連世界的新工作模式》（*Alliance*）一書中對此趨勢做了總結。舊式的觀念是企業一旦聘用員工，對他們的期待就是終生服務於本公司。結果員工想要跳槽以尋找更好前景時，卻不敢與上司分享；對於企業，則是養了一票無法為公司提供最大價值的員工。企業主無法勇於栽培員工，怕動用資源培育員工能獨當一面時，員工便會離職。換言之，雙方都處於被動的互防狀態。這樣的關係如何面對產業中的激烈競爭？如何面對變化如此之大的未來？

領英所提出的概念，同時也是未來職場的必然趨勢，深刻影響組織架構的願景。這個概念，可以一句管理者應該對所有招聘員工所說的話，來做為總結：「我培養你，是為了讓你有朝一日能跳槽到更好的公司。」這是一種新形態的忠誠觀，建立於階段性的互惠關係，在合作過程中，彼此提供所需的價值[6]。

更重要的是，合作過程的原則「坦誠」。因此初步建立合作共識時，主管可與員工一起設定階段性任務（可以是某個專案，也可以是某段時間），理解員工希望在這段任期中獲得何種技能或資歷，甚至坦然的了解員工未來的目標，協助建立要達到那一目標所需要的路徑。而員工則承諾在工作期間，會竭力幫助公司達成某種既定目標。等階段性任期結束，公司與員工共同審視結果，再決定是否進行下一階段的合作，或者好聚好散。

這樣的合作共識，並不等同於時下的合約工，而是實實在在為了建立長遠合作基礎，去構思出階段性互惠的承諾。這將是未來的職場趨勢。

　　一樣把公司視為交流平台的例子，還有另一種模式，那就是讓企業應鼓勵員工去積極打造同事圈以外的人脈網路；這些人脈網路可以涵蓋同產業的群體，也可以是毫無關聯的產業。企業透過補貼員工在圈外的社交活動，甚至出借公司場地給員工組織業餘活動，來促進跨界交流。華為公司創辦人、總裁任正非就常以「一杯咖啡吸收宇宙能量」，「與人喝咖啡是可以報銷的」，來鼓勵員工積極與跨業人士溝通交流，不要固守在原來的圈子裡，要走向開放[7]。

　　可以想像，許多老闆害怕這樣會把員工曝光在獵人頭，或是敵對企業的雷達裡，深怕因此流失優秀員工。事實上，無論老闆樂不樂見，這樣的曝光都會發生，只是它是否背著你發生而已。

　　已有案例證明，協助員工建立圈子外的人脈網有許多好處。首先，它代表企業與員工之間的坦誠與信賴。誠如上述，如果願景一致、條件到位，雙方會持續合作也是水到渠成的事。第二，員工往往能運用外在的人脈網，解決許多企業內部無法解決的問題。第三，有系統的讓員工與非相關產業的人士接觸，可以鍛鍊跨界資訊整合能力。每位員工都在這個混沌的時代裡成為一個「資訊平台」，一旦公司遭到跨界威脅，很可能第一時間提出見解的，就是某位基層員工。

　　想當然，從員工的角度也樂見這樣的情況，因為有了自家企業當靠山，便有了與外界討論或交涉的利基點。自我成長、培養適應力，成為員工必須為自我負責的事，企業的角色轉為背後的推動力，以及資源的供應者。

　　上述現象推動著組織架構的走向，也重新定義何謂優良企業，即更多

視自己為人才的平台，而非限定人才的組織。

　　所以，平台趨勢之下，員工的團隊規模變小了。正如現代軍隊的菁英化，小組戰隊能夠迅速調整自身戰術，去面對無法預測的未來。一旦能力培養起來，這些成員都有一人抵一支軍隊的能耐。企業組織若想成功面對未來的不可預測性，便要成為諸多精良戰隊的集合體，就像是由樂高積木搭建起來的高塔，摔碎了，依然可以再次組織起來。

　　工業時代把每個人當成一根螺絲釘，只注重於服務單一、不變的功能，缺乏變通力。這樣的組織架構僵化而難以適應環境變化，預期在新時代將出現問題。

　　時代正在迅速改變，大方向清晰且明確。企業所面對的難題，已經越來越難從內部找到解決方案，同時，人們越來越重視自我價值的實現。良好的組織不再只注重於綁住內部員工，而在於培養員工連結外部的能力。良好的架構不再是龐大笨重的集團，老闆拍拍腦袋便可以隨意調整結構，而是把公司拆解為擁有獨立作戰能力的有機體，讓組織扁平化，讓戰隊小組化，挑選各個觸角的菁英來獨挑大樑。

　　「協同力」、「開放度」、「適應力」，都是平台時代必須具備的精神。

文化價值觀的未來

　　當變化成為常態，人真正的價值，將體現於是否能在諸多的不確定中捕捉到未來性。

多元、柔性的價值觀和職業觀

　　社會變得越來越有趣，價值觀越來越多元。人們不斷探索生活意義、職業價值，以及自我追求到底應該是什麼，因為這一切已經變得沒有標準答案。工業時代整齊劃一的痕跡越來越少，一切皆無定性。

　　所以，標準化的工作慢慢會被替代。智慧機械取代了數不盡的人類技能。機械效率配合智慧運算，不僅全面淘汰掉上個世代在工廠如螺絲般辛勤工作的人們，也淘汰曾經坐在辦公室冷氣房裡埋頭苦幹的上班族。可以預見的是，自動無人機飛上青天，取代物流人員；網路 App 掌上操作，取

代銀行行員；感測機器取代護理人員；機械手臂取代傳統製造人員；人工智慧取代客服中心真人服務等，許多以往需要人類操作的工作，都被全面淘汰。而上述這些現象，將成為常態。

當許多技能被機械取代後，人們還能做些什麼？

此一現象將再度彰顯企業和企業家的包容胸襟和視野之重要性，在價值觀變得柔性且多元的情況下，要學會如何和員工相處，理解企業真正的職能和意義。

最終，人的功用便是探索未來性。在各種無法確定的因素當中，設定未來前進的方向。因為一旦某項工作內容被標準化、流程化後，往往就代表該工作被智慧機械取代的日子不遠矣。反過來說，一項突破性技術能普及的前提便是有足夠的需求規模，而標準化擴增了這項規模。所以企業就是要為這樣的變化提供平台。

因此在未來，人應該做的事，便是無法標準化的事，如危機處理、資源統籌、藝術設計，還有涉及情感層面的一切，也就是建立信任感。未來的企業在尋找和培養人才時，會依此為指標。

上述趨勢也將推動人文價值的變化。追求個性化、自我實現，都是與上述現象相輔相成。優秀人才希望體驗不同人生，分享不同經歷，將能力發揮到淋漓盡致，並在當中找到相關性，茁壯只屬於自己的人生。

在平台商業模式中靈活工作

所以，在職涯發展上，人們不再甘願成為一根小螺絲釘，而是希望進駐於平台化組織，充分發揮、靈活的工作。

事實上，這股趨勢的跡象已比比皆是。身為全球最大經濟體的美國，早在十幾年前，便有三分之一的勞動力轉為兼職或全職方式，成為自由工作者[8]。至今這三分之一的人口已從事自由職業，不再把自己的職涯終生局限在一家企業[9]，人們願意用更多時間來探索自己的人生規畫。

在 2013 年，德國也發現自由工作者增加了 12%，超過 86 萬人[10]；就連最強調團隊文化的日本，該年的自由工作者也高達 182 萬人，在年輕族群中有上升的趨勢[11]。我們看到的是擴散全球的改變，意味著人們對所謂「職業」的認知與定義，已與以往大相逕庭。雖然自由職業者的人口在中國尚難以統計，但只要觀察年輕族群的情況，便知道他們已踏上同樣的軌跡，中國甚至可能在未來成為亞洲最大的自由工作供應方。

無獨有偶，工作與生活的界線也將變得模糊，因為一切都成為自我價值的實現。人們不想只為工作賣命，他們將積極在職業生涯中探尋生命的意義；人們希望擁有高品質的生活，卻也願意投入大量的個人時間去探索未來的目標。

早在十幾年前，虛擬遊戲「第二人生」（Second Life）便理解人們對於探索多重人生的需求，因此打造了一個使用者能夠自建內容，並與彼此互動的線上平台。你可以把自己轉移到上面，開拓另一個人生；你可以有不同的社交圈，為他人創造提供不同的價值，認識新的異性，加入以往從未想

過的組織，擁有不同背景，在虛擬世界裡發表你的音樂或圖畫，並與人們討論科學與未來。即使到了現在，「第二人生」遊戲仍有 90 萬名活躍用戶，建造了相當於 5 億美元的經濟規模[12]。該研發公司將運用這十幾年的經驗，以全新的虛擬實境（VR）技術，打造下一款讓人們體驗不同世界的平台。

這便是個性化時代的下一個階段。人們不再滿足於此生只過一輩子的生活，而是希望體驗三輩子的人生。這些價值體系的轉變，會徹底改變人類的商業行為，以及文明的各方面發展。

人們眼中的「不確定性」，終將成為前所未有的「可能性」。這也成就了平台商業模式、平台組織模式未來的潛力。這將對人們的職業發展、人生選擇產生重大的影響！

商業世界的殘酷和魅力，就在於其中蘊含著無窮的變化。無論是否站在風口，風從來就沒有停過，變化一直都在。而理解平台的觀念，將協助你一帆風順。

希望這一本關於平台化轉型的書，以及最後的三個錦囊，能夠說明企業和組織在今天、在未來、在時代巨變的浪潮中踏浪而行，一次又一次地趕上潮頭，在風口隨風起舞，前瞻遠矚的掌握變化，完成轉型而基業長青。

參考文獻

參考文獻

前言

1　Animated soft ware 網站文章，《High-Tech Today:Interview with Dr. Robert Farran, Kodak 》，1997

2　Advanced Photo System，APS

3　The free library 網站文章，《New Kodak Advantix Cameras，films will take pictures further》，1996

4　Animated software 網站文章，《HighTech Today:Interview with Dr. Robert Farran, Kodak 》，1997

5　The New Yorker 文章，《Where nokia went wrong》，2013-09-03

6　Engadget 文章《Nokia CEO Stephen Elop rallies troops in brutally honest 'burning platform' memo? 》，2011-02-08

7　由歐洲工商管理學院 INSEAD 的 Quy Huy 教授及 Aalto 大學的 Timo Vuori 教授所撰寫的案例《諾基亞：內部人士談一代科技巨頭的興衰》，2015

第 1 章

1　第一財經文章，《台灣移動互聯網怎麼跑慢了？》，2015-12-01

2　劉強東先生在 2014 年 7 月 24 日在中歐國際工商學院的演講；第一財經文章，《劉強東中歐化身「吐槽哥」》，2014-07-26

3　Kickstarter 官方網站，《The year in Kickstarter 2014》，https://www.kickstarter.com/year/2014

4　Flying V 官方網站介紹，2016-03-03

5　Red Turtle 官方網站介紹，2016-03-03

6　Flying V 官方網站介紹，2016-03-03

7　搜狐汽車文章，《左手東風右手長安 華為要謀怎樣的汽車局》，2014-11-10

8　聯通新聞中心，《中國聯通攜手百度構建知識分享型服務體系》，2014-12-01

9　2015 年 9 月蘋果在那斯達克的股價

10　Gross Merchandise Volume，即成交金額，包含退貨、取消訂單等的金額

11　京東 2014 年全年財報，2015-03-04

12　艾瑞諮詢，《2015 年中國網路購物產業年度監測報告》，2015-06-26

13　京東 2014 年全年財報，2015-03-04

14　北京青年報文章，《京東眾籌 一年總籌資額超過人民幣 7 億元》，2015-08-05

15　36 氪網站文章，《4 個月推進 21 城，「京東眾包」的喜與憂》，2015-09-22

16　36 氪網站文章，《4 個月推進 21 城，「京東眾包」的喜與憂》，2015-09-22

第 2 章

1 《七年級菜鳥　說動五星級飯店合作》，原文出處《商業周刊》第 1244 期，撰文劉致昕，2011-9-22

2 《一個餐廳訂位網　如何讓聯發科看上》，原文出處《商業周刊》第 1418 期，撰文朱致宜，2015-1-15

3 春雨官方網站，2015-10

4 醫療產業相關人士、醫生等訪談，並未直接訪談春雨公司

5 IT 時代週刊文章，《「春雨醫生」牽手「好藥師」，手機 App 問醫購藥平台打通》，2014-09-24

6 36 氪文章，《春雨 25 家「眾包型線下診所」，叫板平安好醫生？》2015-05-17

7 DoNews 網站文章，《「被倒閉」的春雨醫生，到底是怎樣一家公司？》，2015-10-30

8 各互聯網金融公司官方網站

9 拍拍貸公司官方網站

10 搜狐網文章，《專訪無憂保姆：入行家政產業 7 年的八大觀點》2015-07-17，但門市訪談中也有部分門市表示仲介費用為 20%

11 訪談易到用車公司

12 新浪科技文章，《易到用車聯手富豪：試水背後的痛點與訴求》2014-05-22，搜狐汽車文章，《易到用車 E-Car 計畫啟動 5 元起步／聯于特斯拉》2015-05-07

13 中國企業報文章，《只租不賣 易奇泰行如何玩轉全新產銷模式》2015-02-16，36 氪文章《易到聯合海易出行發布「易人易車」計畫，「幫」司機買車創業》2015-02-26

14 網易汽車，《易到用車攜手海爾 欲三年成為租車公司老大》，2015-01-18

15 搜狐財經文章，《王航：讓好大夫找到「好病人」》2012-11-08，百度人物訪談《王航：低頻產品更適合做 Web App》2013-08-17

16 好大夫線上官方網站介紹，2015-10 資料

17 比達諮詢，《2015 年 3 月中國醫藥問診類 App 用戶監測報告》，月活躍用戶是指當月至少使用過該手機 App 一次的用戶，2015-05-07

18 財新網文章，《春雨搶先宣布線卜診所落地 互聯網如何調配醫生？》2015-05-08

19 比達諮詢，《2015 年 3 月中國醫藥問診類 App 用戶監測報告》，2015-05-07

20 生物探索文章，《東軟醫療：從 CT 出發，打造頂尖醫械高端企業》2015-05-31

21 美國學者 Alvin Toffler 創造的單詞，意為生產者與消費者合一

22 鈦媒體文章，《紙牌屋的啟示》2013-05-30

23 成功行銷文章，《「紙牌屋」，Netflix 的大資料實驗》，2014-03-27

24 秒賺公司訪談

25 騰訊科技文章，《羅輯思維完成 B 輪融資 估值人民幣 13.2 億元》，2015-10-20

26 搜狐 IT 文章，《谷歌關閉 Helpouts 線上專業諮詢 到底出了啥問題？》，2015-02-16

27 知乎網站

28 《外灘畫報》採訪 Fashionstake 創始人 Vivian Weng 的報導

29 陳威如、許雷平，《豬八戒網：服務交易平台取經路》，中歐國際工商學院案例，及豬八戒網訪談，2015-09

30 新浪財經文章，《專訪台灣「科技教父」鄭崇華：台達電成功轉型的背後》，2014-12-09

31 經濟觀察報文章，《台達電轉型「謀道不謀食」》，2014-12-09

32 新世紀 Led 網文章，《台達電再次轉型 聚焦綠能系統整合》，2012-08-24

33 環球網文章，《CES2015：老牌電子企業台達電的轉型 直面消費者》，2015-01-09

34 人民網文章，《台達電董事長海英俊：讓全世界省電省得更多》，2015-10-22

35 新浪財經文章，《專訪台灣「科技教父」鄭崇華：台達電成功轉型的背後》，2014-12-09

36 中金公司研究報告《家裝第一股，盤旋式上升》，2014-01-10

37 家裝產業相關訪談

38 東易公司官方網站

39 中金公司研究報告

40 動網公司投資人訪談

41 新秀集團訪談

42 海爾 Hope 相關人員訪談

43 海爾 HOPE 官方網站文章，《海爾開放創新平台：讓技術研發更簡單》，2015-02-11

44 IT 168 網站文章，《HOPE 開放創新平台 海爾持續引爆創新動力》，2015-03-13

45 公司內部訪談以及搜狐 IT 文章，《雲衣定制：工業 4.0 變革服裝製造業》，2015-03-05

46 搜狐 IT 文章，《雲衣定制：工業 4.0 變革服裝製造業》，2015-03-05

47 網易科技文章，《蘋果 HomeKit 智慧家居平台支援的產品即將發售》，2015-06-01

48 新浪科技文章，《海爾投 3.2 億元尋 U+ 開發者，促智慧家居落地》，2014-10-27

49 百度百科，樂視超級電視介紹，2015-10

50 驅動之家文章，《超級汽車來了！樂視發布首款智慧汽車系統》，2015-01-20

51 網易科技文章，《樂視傾力打造的真的是生態圈嗎？》，2015-04-15；搜狐科技文章，《瞧，這才是樂視生態體系！》，2014-10-02；天極網文章，《樂視生態——戰略布局剖析》，2015-06-03

52 樂視雲官方網站介紹，2015-10

53 搜狐證券文章，《易到用車內部信確認獲 D 輪融資》，2015-10-19

54 Tech Web 相關文章

55 晶報文章，《馬雲打造阿里「電子商務生態圈」》，2012-07-24

56 搜狐 IT 文章，《馬雲郵件詳解阿里新架構：最艱難的變革》，2013-01-10

57 中國企業家雜誌文章，《阿里巴巴 25 個事業部，考驗 KPI 考核體系》，2013-04-03

58 王金曉，《搜房網再遭抵制，房產平台成雞肋》，藍鯨網，2015-03-06

59 新浪科技文章，《雅詩蘭黛品牌入駐天貓，首次授權中國電商網站》，2014-05-23

60 中關村線上文章，《阿里宣布天貓國際上線，拓展海淘業務》，2014-02-19

61 資料來源於各開放創新平台的官方網站

62 虎嗅網文章，《那個玩創意眾包的 Quirky，怎麼說黃就黃了呢？》，2015-09-23

63 36 氪文章，《Quirky：世界上最有創意的生產商？（上）》，2013-11-11

64 螞蟻金服評論，《螞蟻金服到底有什麼理想？高管團隊詳解未來路線圖》，2014-12-30；顧成琦，華爾街見聞，《解構螞蟻金服：看看中國真正的互聯網金融》，2015-07-03

65 中國傢俱網文章，《美樂樂的「頭啖湯」，超速發展冷暖自知》，2012-09-06 及網易家居文章，《獨家回應：袁伯銀看好美樂樂 O2O 前景》，2014-11-13

66 傢俱時代文章，《美樂樂第一創始人黃輝：告訴你一個真實的美樂樂》，2014-03-18

67 日本作家山下英子的暢銷書《斷、捨、離》，講述如何擺脫過去的陳舊物品，創造簡潔的家居生活

第 3 章

1 百度百家文章，《陸文勇：一個 85 後如何自宮洗衣業？》，2015-07-04

2 財新網李小曉文章，《平安詳解為何發力眾籌》，2015-04-10

3 中國平安 2014 年年報，2015-03；京華時報文章，《陸金所去年交易量增 7 倍 註冊用戶超過 500 萬》，2015-02-10

4 鳳凰財經文章，《陸金所估值超過 100 億美元憑什麼》，2014-12-26

5 陸金所官方網站介紹，2015-08

6 希賽網文章，《「我買網」網上購物平台 中糧試水網路直銷》，2014-04-07

7 速途研究院文章，《2015 年 H1 食品電商市場報告》，2015-08-26 億邦動力網，《中糧我買網抱上百度大腿 融資兩億美金》，2015-10-26

8 搜狐財經文章，《我買網獲 2.2 億美元融資 甯高寧：上市等等再說》，2015-10-22

9 商業周刊文章《信義房屋、愛買大將告白：別再迷信衝流量》，2015-09-23，商業周刊 1454 期，撰文莊雅茜、林俊劭

10 車雲網文章，《車享網一周年記，那些已經和尚未成就的獨立電商夢》，2015-05-22 億邦動力網文章《上汽電商內幕：做車享網燒錢只為線下引流》，2014-03-28

11 解放日報文章，《上汽集團發布連鎖實體服務品牌車享家 萬家門店打造一站式汽車生活》，2015-09-23

12 光大證券研究分析，《美邦服飾：戰略轉型類優衣庫，O2O 值得期待》，2014-02-27

13 網易財經文章，《美邦服飾轉型陣痛持續，營收淨利連續三年下滑》，2014-04-26

14 米娜時尚網文章，《美特斯邦威一切從有範開始》，2015-04-24；介面網文章《美特斯邦威要靠一款 App 轉型？》，2015-09-26

15 新浪財經文章，《蘇寧調整組織架構再改革 張近東：時間不等人》，2015-01-22；新京報文章，《蘇寧調整組織架構 整合線上線下業務》，2014-02-17；網易科技文章《蘇寧企業組織架構變為 28 個事業群組織》，2013-02-22；鳳凰財經文章，《蘇寧再次進行組織架構大調整》，2014-02-25；手機中國文章，《「雲商」能挽救逆境中的蘇寧嗎？》，2013-11-21；組織架構參考以上文章和相關架構圖進行繪製

16 介面網文章，《韓都衣舍要「結硬寨，打呆仗」》，2015-04-01

17 中國青年網文章，《陳年反思凡客倒下：公司越熱鬧燒錢混日子人越多》，2015-03-27

18 艾瑞諮詢，《2009-2010 年中國服裝網路購物研究報告》，2009-09-27

19 韓都衣舍官方網站品牌故事介紹，2015-10

20 韓都衣舍官方網站文章，《為何韓都衣舍的「小組制」別人學不會？》，2015-05-04

21 韓都衣舍官方網站文章，《趙迎光：韓都衣舍年開發產品 3 萬款，超過 Zara》，2015-09-21

22 介面網文章，《淘品牌有真本事，韓都衣舍這麼做服裝，難怪人家要超越優衣庫》，2015-04

23 搜狐科技文章，《韓都衣舍：小組制背後的管理能力》，2015-05-22；中國電子商務研究中心文章，《韓都衣舍「互聯網快時尚」營運模式 慢工出細活》，2014-09-12

24 派代網文章，《韓都衣舍的小組制，是怎麼被逼出來的？！》，2013-11-05

25 中國青年網文章，《陳年反思凡客倒下：公司越熱鬧燒錢混日子人越多》，2015-03-27

26 虎嗅網文章，《凡客真的想清楚了嗎？》，2013-04-17

27 財經天下文章，《凡客到了危險時刻：陳年戀上「協力廠商品牌」》，2013-06-24；速途網文章，《凡客陳年：傳統服裝應注重與移動互聯網結合》，2013-05-10

28 艾瑞諮詢官方網站資料發布，2015-03

29 鈦媒體文章，《陳年的反思和凡客的轉型，到底錯在哪了？》，2015-01-13；IT 時代網《凡客在 10 億美金俱樂部中陶醉身亡》，2014-06-13

30 光明網文章，《凡客開放平台存霸王條款 品牌商或放棄合作》，2013-06-04

31 陳威如、陳闖、林次武，《榮昌洗衣連鎖服務的 O2O 轉型——孵化「e 袋洗」平台》，2015 年

32 速途網文章，《榮昌 e 袋洗陸文勇：平台標準化將革新社區服務 O2O》，2014-09-03

33 百度百家文章，《陸文勇：e 袋洗將是洗衣產業的 Uber》，2015-06-17

34 中國網文章，《榮昌 e 袋洗為用戶提供優質本地生活 O2O 服務》，2015-05-26

35 證券時報文章，《金螳螂：省外市場高速增長，利潤率升周轉略緩》，2014-04-14

36 東方證券公司分析師徐煒分析，《金螳螂：一馬當先的產業領軍者》，2012-07-26；37 金融界網站文章，

37 《走進上市公司專訪金螳螂副總經理羅承雲》，2013-05-23

38 證券時報文章，《金螳螂力推家裝 O2O 平台今年電商銷售目標人民幣 50 億元》，2015-06-09

39 網易財經文章，《金螳螂揮別加裝 e 站，自建家裝電商平台》，2014-06-06

第 4 章

1 數位時代文章，《唯一獲利的串流音樂服務，KKBOX 邁入成長第三階段》，2015-07

2 KKBOX 公司官網，2016-03-03

3 環球網財經文章，《e 袋洗創始人張榮耀：跟馬化騰一起開會給我的巨大觸動》，2015-07-08

4 極客公園文章，《e 袋洗，一家洗衣公司的重啟與再塑》，2014-12-03；Tech2IPO 文章《榮昌 e 袋洗：轉變商業創業模式》，2014-11-03；中智匯文章，《榮昌 e 袋洗：傳統企業轉型移動互聯網指南》，2014-11-04；經濟觀察報文章，《乾洗老店榮昌轉型互聯網：推 e 袋洗 欲做社區服務平台》，2015-01-25

5　創業邦網站文章，《關於淘寶和 eBay 中國那場戰爭的內幕》，2013-06-27

6　網易財經文章，《eBay 的全球擴張之路：兩次進軍中國市場》，2013-01-29

7　劉強東 2014-07-25 在中歐國際工商學院上海校區的演講，新浪科技文章，《劉強東剖析京東：為何鉅虧也要做物流》，2014-07-26

8　養車無憂創始人陳文凱訪談

9　36 氪網站文章，《以教輔平台切入線上教育市場，Homeworky 的秘笈是用輕量化工具與資料分析抓住老師的心》，2015-08-29

10　創業邦文章，《Homeworky：最簡便的家庭作業及個人化輔導工具》，2015-05-22

11　陳威如、許雷平，《豬八戒網：服務交易平台取經路》，中歐國際工商學院案例，豬八戒網創始人朱明躍訪談，2015-09

12　搜狐財經文章，《「餓了麼」宣布開放配送平台，擁抱眾包物流》，2015-08-17，新浪財經文章，《外賣 O2O「餓了麼」拼物流》，2015-08-23

13　36 氪網站文章，《不良資產處置平台「資產 360」獲源碼資本 3,000 萬元 A 輪融資，從資訊平台向交易平台發展》，2015-09-01

14　比特網文章，《不良資產催收平台——資產 360 管理系統升級上線》，2015-05-11

15　驅動之家文章，《動動手 打車 App 就把哈根達斯送上門》，2014-07-18；CNN 財經板塊文章《Meet the new ice cream man: Uber》，2014-07-18

16　介面網文章，《不做硬廣投放的 Uber 憑著佟大為又火了一把》，2015-04-08

17　廣告門文章，《Uber 服務再次升級，一鍵呼叫企業高管》，2015-04-24

18　速途網文章，《e 袋洗玩「4P」、深 V 搞定騰訊經緯 SIG》，2014-11-22

19　36 氪文章，《Uber 快遞平台即將粉墨登場，從紐約第五大道開始》，2015-09-05

20　Seeking Alpha 網站文章《Uber reportedly launching e-commerce delivery service; talks held with Shopify》，2015-09-05；Recode 網站文章《Uber to Unveil Big E-Commerce Delivery Program With Retailers in the Fall》，2015-09-04

21　陳威如、許雷平，《豬八戒網：服務交易平台取經路》，中歐國際工商學院案例，豬八戒網創始人朱明躍訪談，2015-09

22　部分資料來自于長江商學院鄭渝生教授《韓都衣舍》相關案例

23　IT 世界網文章，《南極圈，騰訊離職員工的圈子—互聯網新大陸》，2014-09-12

24　MBA 智庫百科定義，wiki.mbaliba.com

25　新財富文章，《內部創業制為何結果迥異》，2013-10-22

26　創業邦網站文章，《神奇工廠：聯想的內部創業》，2015-04-28

27　騰訊科技文章，《專訪樂基金董事長賀志強：聯想如何做天使投資》，2015-09-06

28　創業邦文章，《中國電信尖刀連：內部創業的挑戰與動力》，2015-03-20

29　中金線上文章，《郁亮：萬科要成為一家眾籌公司 鼓勵員工內部創業》，2015-04-18；澎湃新聞網文章，

30　《郁亮詳解萬科「事業合夥人」：既為股東，也為自己打工》，2015-03-02

30　搜狐科技 IT 文章，《去哪兒網推出內部創業體制》，2012-10-30

31　和訊網文章，《美的戰略轉型：重新強調「內部創業」，有何用意？》，2012-03-08

32　國聯證券研究分析，《美的集團股權激勵點評：美的借股權激勵踏上新征程》，2015-04-02

33　清華管理評論，陳威如、徐瑋伶文章《平台組織：迎接全員創新的時代》，2014-07

34　搜狐科技文章，《海爾小微孵化樣本：雷神如何做到 1 年銷售額破 2 億》，2015-05-13

35　天極網文章，《京東股權眾籌發布會召開 雷神科技為何大熱》，2015-04-01

36　海爾公司內部訪談及相關演講，2014-2015

第 5 章

1　Nicholas Dew, Stuart Read, Saras D. Sarasvathy, Robert Wiltbank 等人的觀點《Effectual versus predictive logics in entrepreneurial decision-making: Differences between experts and novices》，2012。卓有成效的創業，斯圖爾特‧瑞德，薩阿斯‧薩阿斯瓦斯，尼克‧德魯，羅伯特‧維特班克，安妮 - 瓦萊麗‧奧爾斯 著；新華都商學院 譯，北京師範大學出版社出版，2015

2　投資界文章，《「大天使」雷軍之產業布局詳解：順為基金＋小米科技＋金山雲》，2015-02-26，http://internet.chinaso.com/detail/20150226/1000200003269841424932785292282233_1.html；一財網文章，《頻繁出擊廣泛布局 雷軍尋找「下一個小米」》，2014-10-13，http://www.yicai.com/news/2014/10/4026964.html

3　美國創業家 Eric Rise 的著作，《精益創業》，中信出版社，2012；或者參考龔焱，《精益創業方法論：新創企業的成長模式》，機械工業出版社，2015

4　USA Today 文章，《Facebook's Whats App hits 900 million users, aims for 1 billion》，2015-09-04

5　21 世紀經濟報導文章，《奧飛動漫 9 億收購「有妖氣」網站 布局大齡動畫市場》，2015-08-13

6　《聯盟：互聯網時代的人才變革》理德 - 霍夫曼，本 - 卡斯諾查，克裡斯 - 葉 著；中信出版社；2015-2

7　新浪科技文章，《任正非：創新需聚焦在主航道上》，2014-5-26

8　《再見，平庸世代》(Average is Over)，泰勒 - 柯文 著；早安財經文化；2015 年 2 月；p.83

9　199it 網文章，《美國 34% 工作人口從事自由職業》，2015-09-07

10　國際線上文章，《德國自由職業者人數達 86.8 萬 一年增 12%》，2014-02-19

11　中國新聞網文章，《日本年輕人中自由職業者占比創歷史新高》，2014-02-19

12　Fortune 網站文章，《How 'Second Life' Developer Hopes To Deliver The 'YouTube For VR'》，2015-11-04

其他參考文章（沒有具體的引用，但是曾經做為參考）

IT 時代週刊文章，《「春雨醫生」牽手「好藥師」，手機 App 問醫購藥平台打通》，2015-02-15

奧特萊斯網文章，《Derek Lam 專門為 eBay 用戶設計時裝》，2015-07-21

經緯網文章，《陸金所 背靠平安大樹好乘涼》，2014-04-30

全景網文章，《平安集團主導陸金所完成首輪融資 估值或高達 100 億美元》，2014-12-26

財經天下文章，《雷神重新發現筆記本爆點》，2014-04-16

道客巴巴文檔，《簡單：行銷傳播中的人性訴求》，2011-05-20

《決勝平台時代》
第一本平台化轉型實戰攻略

作者	陳威如、王詩一
統籌	余卓軒
商周集團榮譽發行人	金惟純
商周集團執行長	王文靜
視覺顧問	陳栩椿
商業周刊出版部	
總編輯	余幸娟
責任編輯	陳瑤蓉
協力編輯	胡湘湘
封面設計	米栗點舖有限公司
內頁設計、排版	米栗點舖有限公司
出版發行	城邦文化事業股份有限公司-商業周刊
地址	104台北市中山區民生東路二段141號4樓
傳真服務	（02）2503-6989
劃撥帳號	50003033
戶名	英屬蓋曼群島商家庭傳媒股份有限公司城邦分公司
網站	www.businessweekly.com.tw
製版印刷	中原造像股份有限公司
總經銷	高見文化行銷股份有限公司 電話：0800-055365
初版1刷	2016年（民105年）11月
初版8.5刷	2018年（民107年）5月
定價	420元
ISBN	978-986-93733-3-3

國家圖書館出版品預行編目資料

決勝平台時代：第一本平台化轉型實戰攻略 / 陳
威如, 王詩一著. -- 初版. -- 臺北市：城邦商業周
刊, 民105.11
　　面；　公分　　ISBN 978-986-93733-3-3(平裝)

1.電子商務 2.企業管理 3.企業策略

490.29　　　　　　　　　　　　105019328

金商道

The positive thinker sees the invisible, feels the intangible,
and achieves the impossible.

惟正向思考者，能察於未見，感於無形，達於人所不能。—— 佚名